欲望动力心理学书系
21世纪经典原创理论推荐与精选

欲望的世界

欲望与意识心理学

人类意识活动的产生过程与运行机理

张振学 / 著
zhang zhenxue

中国商业出版社

图书在版编目（CIP）数据

欲望的世界. Ⅲ，欲望与意识心理学 / 张振学著. -- 北京：中国商业出版社，2016.8

（欲望动力心理学书系）

ISBN 978-7-5044-9520-4

Ⅰ. ①欲… Ⅱ. ①张… Ⅲ. ①欲望 Ⅳ. ① B848.4

中国版本图书馆 CIP 数据核字（2016）第 180784 号

责任编辑：朱丽丽

中国商业出版社出版发行

010-63180647 www.c-cbook.com

（100053 北京广安门内报国寺 1 号）

新华书店经销

北京洲际印刷有限公司印刷

*

710×1000 毫米 16 开 15 印张 190 千字

2017 年 5 月第 1 版 2017 年 5 月第 1 次印刷

定价：39.80 元

* * * *

（如有印装质量问题可更换）

致 谢

一直以来，我们似乎都被一个共性的问题所困扰：快乐与烦恼总是频繁交替地出现在我们的生活中，几乎每一天都在搅扰着我们的心灵难得安宁。小时候，我们哭着哭着就笑了；长大后，我们笑着笑着就哭了。那么请问，有谁知道我们的心情为什么总是处于如此这般的波动起伏之中呢？我们的心灵天空为什么总是一会阴一会晴呢？

后来，再后来，我终于找到了问题的根源所在，那就是，我们每个人自打出生之日起，便都不可避免地坠入了欲望的世界里。巡睃着眼花缭乱的人间万象，我们心神摇荡，迷离惝恍，不知所从。无论我们怎样努力，似乎也摆脱不掉欲望之魔的蛊惑与纠缠。我们因此而惊惶失措地意识到，如果不能解决好欲望问题，如果不能把欲望解释清楚，我们将永无解脱之日，永无释怀之时。于是，为了寻求人生的解脱与心灵的安宁，我开始把关注的目光转向了欲望的世界，并将它作为专门的课题进行了长期的探索和研究。

然而随着研究的不断深入，我发现人类欲望问题几乎与宇宙中的一切事物和所有问题都交织在一起，很难给出一个明确的边界。为此，我陆续阅读了古今中外大量的哲学、心理学、物理学、认知神经科学等经典著作，从柏拉图、亚里士多德、笛卡尔、斯宾诺莎、康德、黑格尔、弗洛伊德，到牛顿、爱因斯坦、普朗克、麦克斯韦、薛定谔、德布罗意，再到达尔文、巴甫洛夫、詹姆斯、马斯洛、皮亚杰，等等，正是他们思想的璀璨光辉，将我心中的宇宙照亮，将人类欲望的世界照亮，并使我有条件援引和借鉴他们优秀的理论成果作为阐述本书系观点的强大支撑。

我为此要特别感谢历史上这些学术巨人们的慷慨赐惠。我对他们充满了无限敬意！

而当今时代更是一个群英荟萃、大师辈出的时代！全世界各地的科学家以异乎寻常的力量，不断推出一个又一个惊人的发现，使现代基础科学的天空不断放射出奇光异彩，使人类的世界观不断发生巨大的改变！人类主客观两个世界在现代物理学所建构的统一理论模型中有可能正在合并为一个特殊的奇点，一旦将这个奇点揭秘出来，整个世界都将为之震撼！人类对于世界的解释可能由此发生一场天翻地覆的革命。新时代科学巨匠们的惊世发现和优秀理论成果，更为我研究欲望问题增添了新鲜的活力，提供了诸多非常直接的有益启示，我在此向这些伟大的科学家们表达深深的敬仰和谢意！

同时，我还要感谢本书系的文字校对、内文排版、封面设计等工作人员的辛勤努力，他们连续加班加点地工作，大大加快了本书系出版的进程，我对他们的热心和勤奋充满了感动。

我也要感谢一位未满 16 岁的绘画少女。她用她天才的绘画技能帮助我完成了内文中几幅人物漫画插图的绘制工作。

最后，我更要衷心感谢出版社的编辑们。他们为本书系的出版做了大量辛苦的审读工作，并提出了很多宝贵建议，使得本书系能够以如此精美的面貌呈现在读者面前。

正是得益于如此众多人的福赐与成全，才使得本书系的创作过程成为一种令人激动而愉悦的经历。我对所有支持我的人深表感激，当然也包括所有阅读本书系的读者。

作　者

2017 年 4 月于北京

目 录
Contents

前言：一本解释世界并改变自我的书 ………………… I

第一章 人类意识的起源
——欲望产生的物质基础 ……………………………1

生命活动的最大征象在于人体内部环境与外部环境所构成的周而往复、生生不息的能量信息循环与交换关系，致使一切生命体均被赋予了新陈代谢的通道、吐故纳新的法则以及欲望反应和意识反应的激发机制。

一、神经系统层次论 ……………………………2
二、神经系统的信息循环关系 ……………………………26
三、神经系统的意识循环关系 ……………………………34
四、神经系统的蝶式循环关系 ……………………………39
五、神经系统的丛级循环关系 ……………………………41
六、神经电与信息流 ……………………………47

第二章 人类意识活动过程解析
——意识能量的结构性转换原理 ……………………53

事关人类自我的一切变化，包括机体变化、生命变化、生理变化、欲望变化、心理变化和精神变化等等，全部源自于能量转化过程中的消长变化。

一、匮欠性激能变智能事件 ……………………………55

二、智能变欲能事件 56
三、欲能变意能事件 59
四、意能变智能事件 59
五、智能变目标性激能事件 61
六、目标性激能变智能事件 62
七、智能变意能事件 62
八、意能—智能—动能—欲能的联通与联动 63
九、物质能量与意识能量的相互转化与守恒 65
十、高级生命与低级生命的智能反应回路解析 71

第三章 意识与灵魂
——人类灵魂存在性的科学推演 76

人只要相信自己是活着的，就会相信在自己躯体之中还有一个东西不但在证实着自己的存在性，而且也在主宰着自己的一切感知活动和躯体活动，这就是智能性灵魂。

一、灵魂不灭定律 78
二、灵魂与意识 83
三、意识的后天成长性 86
四、人类认知的三个基本层次 90
五、人类质能结构关系中的灵魂含义 93

第四章 欲望与信息
——客观信息向主观信息的欲望性转化 97

人在出生前，其大脑本来空空如也。但自从来到这个世界之后，大脑与客观信息之间便产生了映射与被映射的关系。

一、内觉性信息与外感性信息 97
二、客观七性信息与主观七性信息 101
三、人类主观世界的伸展方向 118

第五章　欲望与知识
——知识与意识相互转化原理 125

主观知识并不直接等同于主观意识本身，而仅仅是主观意识赖以寄身和赖以产生的信息性基础或材料性基础。

一、知识与意识 127
二、知识部队：人类知识体系形成原理 134
三、知识与记忆 160
四、人类知识的有限性 169

第六章　欲望与表象
——表象在欲望方向上的展现与链接 175

大脑对于各类影像信息，天生具有存储功能、放映功能和解读功能，这个存储过程就是记忆过程，这个放映过程就是表象过程，这个解读过程就是思维过程、意识活动过程和观念形成过程。

一、眨眼成像效应 178
二、睡眠成像效应 181
三、注意力转移成像效应 181
四、别离成像效应 186

第七章　欲望与语言
——语言是欲望向意识转化过程的表达性载体 187

任何一种知识都具有可存储、可演绎、可描述、可表达的性质。具体表达方式既可借助声音符号语言来表达，也可借助文字符号语言来表达，而且每一种表达都是在欲望驱力的作用下进行的。

一、内隐语言 188

二、外显语言 191
三、知识、语言与意识 192

第八章 欲望与智慧
——智慧是欲望驱动下的意识升华 194

提高智慧的意义就在于提高自我的意识活动水平或意识活动能力，从而更好地和更有效地为满足自我欲望服务。

一、元意识 196
二、元智慧 200
三、智慧 201
四、智慧的构成要素及演绎原理 203

第九章 意识层次理论新解
——欲海中的潜意识、前意识、浮意识、显意识 207

随着年龄的增长和阅历的增加，个体自我大脑获取的信息或影像资料会越来越多。其中绝大多数信息或影像资料，不但没有随着时间的推移和空间的变换而被散失，而且它们还如同若干照片一样被珍藏在记忆的影集里。

一、潜意识 208
二、前意识 209
三、浮意识 210
四、显意识 211

后　记 217

前言：一本解释世界并改变自我的书

本书系将欲望作为具有开端意义的学科门类进行研究，并以物理学为依托，以生理学为基础，以心理学为导向，以认知神经科学为介质，以欲望作为人类主观世界的第一推动力，借助欲望层次理论和自我质能结构理论模型，构筑了一个规模宏大、经纬万端、独出机杼的理论体系，藉此演绎并绘制了人类精神宇宙的巨幅画卷。从此，人类主观世界的大门在欲望力所指引的方向上被一脚踹开，虽是庭院深深，红尘滚滚，却是三观尽显，一览无余！

同时，我们借助主观世界不断闪烁的幽微的光芒，一路走去，甚至还惊异地发现了主客观两个世界所存在的奇点性契合与叠加，进而别具只眼地领略到了客观物质世界的发生与发展的神奇风貌和诡异踪迹。

欲望动力心理学是为了让人们更好地了解人类欲望与生理机能之间的关系、人类欲望对精神宇宙的形成和发展所具有的特殊驱动作用、人类欲望与心理的本质以及由此产生的行为与表现，从而更理性地把握自身言行、更准确地解读他人动机，并藉此恰到好处地处理社会关系和引导人类文明未来走向的一门新兴科学。

人类的所思所言，所作所为，无一不源于自身欲望的诱使和驱动，人类社会的一切现行状态、一切人文成果和客观面貌无一不掩映着欲望碾轧的辙痕，无一不是内心的欲望在外部世界绽开的魔幻之花。这是对于人类整体而言的。对于人类个体而言，也莫不如是。

任何人的所思所想，所言所行，无不串掇着无形的欲望的丝线，无不是自身内在欲望的展露与体现。表面上的成功或失败，平凡或卓越，顺利或坎坷，平安或灾难，吉凶或福祸，等等，无一不是源于内心欲望的蛊惑、诱使、感召和驱动而造成的一种客观现状和自我感受。

社会要求每个人都要把握好自己的言行，规范好自己的言行，其实从根本上说就是要求人们把握好和规范好自己的欲望以及对欲望的表达方式与表现分寸，从而更好地适应社会，适应自然，适应各种不断变化着的生存环境。

同理，如何把握好或规范好别人的言行，其实也是如何把握好和规范好别人的欲望的问题。特别是作为各行业、各领域的领导者或管理者而言，不但要善于把握好自己的欲望坐标，也要善于把握好别人的欲望曲线，从而才能更好地实现有效领导和科学管理。

欲望动力心理学不但能帮助你实现梦寐以求的夙愿和理想，让你的人生获得可期待的幸福和满足，而且还能有效地帮助你避开“欲壑难填、利欲熏心”的罪恶的渊薮；不但让你更全面和更深刻地认识和改造外部客观世界和人类主观世界，而且也能让你更准确和更现实地认识自己、改造自己、完善自己和提升自己；不但让你更有分寸地把握欲望底线，让欲望之手成为推动自己前进的动力，绝不让欲望的无底洞成为蛊惑自己抬脚踏空的人生陷阱，而且也可以让你在为人处世、职场交际、商场运营、员工管理、社会治安以及化解各类社会矛盾纠纷等过程中更好地揣摩和洞察别人的欲望脉搏，让欲望之衡成为丈量别人品德与意志的尺度，让欲望之力成为引导和激发别人产生特定行动的精神号角。

可以说，欲望动力心理学就像一剂良药，既能养生又能健体，既能治病又能防疾，不但可以使自己的人生功德圆满，而且也可以对别人的七情六欲洞幽烛微，并施以恰当的指教、规范、训诲与管理。

当然，研究欲望动力心理学的功用还远不止于此。按照法国哲学家德勒兹与精神分析学家伽塔利的观点，欲望者同时还是一台创造和生产世界人文万物的“机器”，在西方被广泛描述为“欲望机器”，即在宇宙系统与社会伦理关系中，有一种普遍存在的对偶或对称关系。此即对立者或对应者的永恒轮回，永恒重复。它是因主体向往获得某物或达到某种目的而自行运转、产生能量、并经由零件与要素组成的一种特殊装置。

我认为这台特殊装置不但可以将客观世界映照、投射、拼接、组合、演绎为主观世界，而且也能将主观世界辐射、描摹、仿造、复制、落实为客观世界。正像人类看到飞鸟便会产生飞的想法，而后便能制造出飞机；看到美的景观便会产生美的蓝图，而后便能创造出丹青；看到野兽奔跑便会产生追赶的念头，而后便能制造出汽车；看到好的人物便会产生爱的欲望，而后便能施与爱的情感，如此等等，皆可理解为欲望机器在工作，在运转，在生产，在创造。通过这台机器，客观的现实似乎都可以变幻为主观的梦想，而主观的梦想似乎也都可以演变为客观的现实。

欲望作为一种“对缺乏者的抱憾”，蕴藉了愿望、想往、要求、欲求、物欲、性欲、肉欲等所想要的东西，与此同时排斥其反义领域的诸如疼痛、苦闷、轻蔑、冷漠、惰性、恐慌、忧虑、厌恶、不安、无视等不想要的东西。机器作为一种创造工具或研发器械，也涵盖了具有机械装置或类似器械装置的诸如工具、器物、火车头、计算机、机器人、动物机体、身体器官、机构、机关、文学创作、绘画作品、雕刻作品、影视作品，以及人、东西、地球、宇宙、基本粒子等可以实现人类意图的一切事物。“欲望机器”把技术、技艺、力量、观念、理想、精神、计算、缝纫、打印、复制、传输、虚拟处理、翻译、战争、航海、交通、舞台、人、动物、政治、社会、经济、艺术、世界等统统融入其中，并试图像变戏法一样将这些东西一一研发和制造出来。

这就是说，人类的一切文明成果和不文明成果，无一不是欲望生产和制造出来的，这也许就是“欲望机器”之概念被提出来的重要意义。

因此，研究欲望动力心理学不仅可以造福于个人，也可以造福于社会，不仅可以解读内在的主观世界，也可以解读外在的客观世界，不仅可以解读自然景观的形成之妙，还可以解读人文景观的形成原理。

就简单的社会个体意义而言，人在自我认识与自我保护方面（内部力量）要寻求最大限度的满足，有赖于得到他者力量（外部力量）的呼应、支持与配合，也正是在内部力量与外部力量的相互合作、竞争、交融的共同作用下，作为人的自我才能不断成就自身、满足欲求、净化心灵、提高素质，从而达到改善环境、美化生活、实现幸福的目的。

欲望在帮助你成功把握前进方向的同时，还能帮助你有效地洞穿和驾驭他人的欲望，使他人的欲望目标与自己的欲望相契合，然后借势而动，借力而行，轻松而高效地达成自己的目标。这一点，对于领导者来说尤其重要，它同时还是一种有效管理下属、带动下属和激发下属工作积极性的高明的管理手段。

欲望如火。生活中我们知道，只有用适当的火苗才能为自己烹食煮饭，保暖护身；火苗太大，不但可能会烧着自己，也可能会烧着别人；而别人的欲望之火太大，在烧着他自己的同时，也要小心烧着你、烧着其他人。所以，欲望之于人、之于社会都是一种不可小觑和利害攸关的事件。

同时，我们还会认识到，人们的一切活动都是为了寻求欲望的满足，为其喜，为其忧，为其忙，为其休，人生的每一种感受，比如喜怒哀乐忧思惧等等，都是由欲望决定并创生的。欲望就是串连人生一切心理和行为的不可见的细线。印度20世纪哲学家、心灵导师克里希那穆提也曾说过："对欲望不理解，人就永远不能从桎梏和恐惧中解脱出来。如果你摧毁了你的欲望，可能你也摧毁了你的生活。如果你扭曲它，压制它，你摧毁的可能是非凡之美。"

欲望并非人类所特有，一切生物都不同程度地具有诸如生命欲、生长欲、生存欲、生理欲等不同的欲望表现形式，特别是动物，同人类一样也具有食欲、性欲、安全欲、自由欲以及与生存群体或地域环境等相关的情感欲或归属欲。人类是高级动物，不仅智力发育的水平高，改造自然的能力强，谋求生存的本领大，而且欲望水平和敏感度也比其他一切生物或动物都要高级很多，无论在欲望的数量上还是在欲望的质量上、层次上，人类的欲望都是其他生物或动物所无可比拟的。

具体来说，欲望动力心理学所研究的内容，不但包括人作为动物的本能需求及其反应，还包括人作为社会成员的物质需求和精神需求及其反应。

关于这一点，马斯洛的需求层次论已做了较为详细的论述。这使欲望动力心理学兼具了生物学和社会学的性质。同时，欲望动力心理学所研究的是关于欲望形成的心路历程，即人从欲望发起至产生动作行为的整个心理活动和满足过程，这使欲望动力心理学与行为动机理论有了交集的内涵。欲望有着相当强的自利性，欲望的过度贪婪必然要冒犯到道德和法律的界限，因而欲望动力心理学又与道德学、法制学和管理学牵扯到一起。

再详细点说，欲望动力心理学既要研究人的生存、繁衍的本性，又要研究人的性格、意志、思维、意识、爱好、情感、理性、信仰、精神、品质等特性，以及由此而形成的人生观、世界观、价值观，还要研究人与人之间的关系，人与社会、团体、组织之间的关系，研究人因欲望而形成的善恶念头及行为准则，研究人因欲望而对社会产生的积极作用和消极作用，研究人看得见摸得着的显性的物质需求，研究人看不见摸不着的隐性的精神需求。

同时，欲望与需求两者既有联系又有本质上的差别。

①欲望诞生于需求与要求的裂缝中。拉康曾经指出："在有关欲望方面，我们觉得不可归结为要求的理由，也同样使它不等同于需求。"拉康将欲望、要求、需求区分开来，认为需求是指人机体的需要，隶属于生理学的范畴；要求是指对爱的要求，它涉及的是一种人际互动；而欲望则是诞生于需求和要求的裂缝中，"在要求和需求分离的边缘中欲望开始形成"。

②欲望"内核于需求而存在"，需求"外缘于欲望而产生"。欲望是产生需求的根本动因，需求是欲望产生之后的递进反应；就是说，先有欲望然后才有需求。对人类自身来说，需求的本质是欲望，欲望的本

质是人性，人性的本质是生理，生理的本质是生命。

应该说，欲望动力心理学是一门横跨哲学、生物学、生理学、人类学、医学、解剖学、脑科学、认知神经科学、社会学、道德学、政治学、经济学、行为学、法制学、犯罪学、精神现象学、宗教学等多学科的人学，是对人性深层最本质的透视学。

它的研究对象是人，核心内容是研究人的生理功能及其产生的意志反应，并将人的肉体和精神辩证统一，以物质性的肉体生理为基础，藉此推导出人的心理、情绪、情感、意识、理性、思想和精神等形成的轨迹和管道。它面向个体和世界，反思自我并提升自身，管理别人并规范自己。它关注人的心灵世界，追寻生命的意义，并为个体找到最合适的存在方式，为群体找到最合适的相处方式。它是研究关于人对于欲望追求的本质、行为、现象及其产生、运动、发展、变化规律的新兴科学。

因而，欲望动力心理学对人生、对社会、对整个人类文明都有着极其广泛、深刻的指导作用。

欲望是来自于人类的精神世界还是来自于人类的物质世界？这个问题似乎也有着许多令人困惑的模糊边界。因为人类除了与生理有关的欲望之外，还有许多心理欲望或精神欲望。心理的东西或精神的东西一直以它与物质世界相对应的姿态二元于人类的观念中，并成为哲学家们争论不休的永恒话题。

随着科学的高速发展，人类对物质世界各种规律的认识已日臻清晰，而对于精神世界的认识却依然踯躅不前。有关于欲望、心理、心灵、情绪、意识、灵魂、观念等精神内容一直散发着诱人的魅力，并吸引着无数哲人志士为此苦思冥想，上下求索。但遗憾的是，人们对这个神秘王国的上层建筑和物质基础，似乎始终不得要领，不得路径而登堂入室，一睹芳容，只能凭借自身有限的表征、以及与其他动物的类比或自造的仪器介质以自证或他证的方式而猜想臆度，于是在大量的关于人类心理世界和精神世界及其来源的讨论中，正确与谬误常常混杂在一起，令人眼花缭乱，不知所宗。

作为人类精神的载体，人心到底什么样，没有人能够探进头去看个究竟，甚至在很长一段时间里，包括中国人在内的很多文明都把“心脏”作为灵魂、心灵、意识“中枢”所在，主宰着人的精神世界。直到笛卡尔的出现，才找到了心灵的真正居所——大脑。笛卡尔认为大脑才是人类心灵起源或发动的中枢。从此，人类洞察心理问题和精神问题的视角开始向“神经问题”的物质层面转身。

在西方哲学史上被公认为第一位哲学家的泰利斯首先提出了“什么是世界本原”的问题，并试图借助经验观察和理性思维来解释世界。亚里士多德认为,“所有的人都主张,研究最初原因和本原才可称为智慧”“智慧是关于某些本原和原因的科学”。[1] 我同样也坚定地认为，任何一种学说，都需要有一个开端。“一个哲学的本原，当然也表现了一种开端，但并非主观的，而是客观的，即一切事物的开端”“但是，关于开端问题，近代的仓皇失措，则由于另外一种需要而来，有些人不认识这种需要，他们独断地以为这是有关本原的证明”“开端是逻辑的，因为它应当是在自由地、自为地有的思维原素中，在纯粹的知中造成的。于是开端又是间接的，因为纯知是意识的最后的、绝对的真理”。（以上三段话均引自黑格尔《逻辑学》第一篇，有论。）

我们在这里不但要厘清欲望动力心理学的开端，而且还要找到欲望本身的开端，更要通过欲望找到人类心理世界或精神世界的开端，包括智能、知识、意识、思想、情感、智慧、理性、信仰、心灵、灵感、灵魂等起源问题和本原问题，这类问题可以统统称作端问题，而将这些端问题作为研究对象的学问，我们可以称之为端学。端学是研究事物本原或终结的科学，甚至可以不限于精神世界，也包括物质世界的本原问题和终结问题。那么，我在这里所要讨论的欲望动力心理学便是端学研究的正式开端。而欲望则是人们研究一切学科和一切问题的开端。

1 亚里士多德《形而上学》，中国人民大学出版社，2003年12月第一版，第一卷3-4页。

哲学家尼采在论及欲望时曾遇到了无法突破的思维瓶颈，他认为欲望乃一人之本能与目的之结合，其功利性勿能视，不可见，因此得出了“欲望之论难以尽善人意”的结论。

而本书系试图破解尼采的认识瓶颈，利用理论与现象互证、抽象与形象互补，从多个角度揭开了人类欲望迷离的面纱，洞穿了其深邃的本质特征和诸多表现形式，破解了在欲望驱动下徐徐展开的人类主观精神世界的整体风貌，力图使读者在阅读本书系之后，能对人生产生深刻的感悟和启示，能给自己的欲望在“清心寡欲”和“欲壑难填”之间找到一种最佳的生存位置和自处坐标，并在生活、学习、工作、处世以及改造自我、改造社会、改造自然等实践中获得有益的帮助。

另外，特别值得一提的是，本书系最初冠名为《欲望学》，后来考虑到其中大部分内容属于心理学范畴，遂更名为《欲望心理学》，而这个书名经查证发现被一位美国学者用过了，尽管与我的创作意图和基本观点没有本质的联系，但我还是决定避让一下书名的雷同关系，于是定名为《欲望动力心理学》。

后来随着研究的深入，逐渐发现本书系所阐述的内容与哲学、物理学、宇宙学等学科竟然也存在着特殊的渊源关系，遂以“欲望动力心理学书系”作为总冠名，以“欲望的世界”来界定本书系所涵盖的基本内核，然后再向下细分为若干个专题，每个专题即以一个单行本出版。

我最初的计划是推出八个专题，分别为《欲望与认知心理学》《欲望与意识心理学》《欲望与精神心理学》《欲望与人格心理学》《欲望与行为心理学》《欲望与场域心理学》《欲望与舒适心理学》《欲望与情绪心理学》。

除此之外，我甚至还设想以上述八个专题为基础，进一步创作并出版《欲望与政治心理学》《欲望与经济心理学》《欲望与文化心理学》《欲望与道德心理学》《欲望与法制心理学》《欲望与犯罪心理学》等多部作品。但由于时间所限，未能如愿。

全书系写到 2016 年的时候，前五本便基本完成了，后面三个专题由于时间关系，仅仅写出了主要观点，未能展开铺陈，不免有些遗憾，但我自觉确实有些倦了，便临时决定把欲望与舒适、欲望与情绪这两个专题全部合并到欲望与场域心理学之中，因为欲望与舒适、欲望与情绪问题虽然未能展开论述和独立成书，但细究起来，它们皆在我创设的欲望场理论的统摄范围之内，也是完全可以自圆其说的，更何况这样安排也并不妨碍这两大课题可以自成体系的特点。

这样，我的《欲望动力心理学书系——欲望的世界》至此算是正式完成了，八个专题合成六本书出版，共计一百多万字，也算是一个不小的工程。如果将来兴致再起，或许有机会可以对后面的诸多专题深研细究，展开论述，以补遗憾，也是可能的。

这里还需要特别说明的是，本书系缘起于现代量子物理学对于哲学和心理学产生的巨大影响，特别是近年来出现的一些惊人的理论成果，更给作者带来了强烈的思想震撼。本书系借用美国著名粒子物理学家和诺贝尔物理学奖得主利昂·莱德曼在《上帝粒子》一书中提出的“上帝粒子”概念，试图借助量子物理学最前沿而奇妙的理论模型，为现代哲学和心理学寻找一种更独特而有趣的逻辑推演方法和证明路径。所以，本书系在探索世界本原问题上，以《圣经·创世纪》中上帝的概念开始说起，最后落实到莱德曼所提出的著名的“上帝粒子”的概念，整个讨论过程富有缜密而生动的逻辑推演机趣。我们高兴地看到，为了回答亚里士多德时期既已提出的关于“宇宙第一推动力”的千古疑问，量子物理学家们以其高妙的证明手段，正在逐层剥去套在人们心灵中的宗教外衣和神话色彩，进而为人们确立科学的世界观提供最基本的理论依据。

我在本书系中对于人类欲望的分析和阐述，借鉴了经典物理学和量子物理学大量的研究成果和成熟的理论范式，以独成体系的论证方法，对宇宙演化、物质结构、生命起源、大脑认知等事关人类终极之问的基本问题提供了别开生面的观照视角，开创了一个全新的用以解读人类欲望心理、行为动机、人格品质、自我意识和精神宇宙的理论模型，试图对人类各种心理现象和行为动机做出更精准的数学解释。

鉴于我对于经典物理学特别是量子物理学的理论造诣和理解深度所限，在逻辑架构上和观点阐释上难免存在一些浅见、偏颇、甚至谬误之处，敬请各界专家学者提出宝贵意见，以利本书系在进一步修订和再版时参考和借鉴。

作　者

2017 年 4 月于北京

第一章　人类意识的起源
——欲望产生的物质基础

欲望动力心理学认为，人类的一切意识活动都是从欲望产生的那一瞬间开始发生的，没有欲望，便不会产生意识活动的驱力。

欲望最初产生于人的生理匮欠，没有这个纯粹物质性的生理匮欠，便不会产生欲望。所以，我们把生理匮欠视为欲望产生的第一层物质基础。同时，光有生理匮欠还不能直接产生欲望，还必须有对于匮欠的神经感觉反应。如果没有神经感觉，如果没有体验到匮欠的存在，那么，匮欠便不会自动被主体自我感知到和意识到，不会自动飞升到人的主观世界（大脑）当中而显示自己的存在。

假如匮欠已然存在于客观世界当中却不能借助神经反应而进入主观世界，那么，主观世界当中便等同于不存在匮欠及其作用，所以也就不可能产生欲望，也就不可能产生意识活动。

从客观世界跨入主观世界，从客观物质性活动跨入主观意识性活动，必须经由神经这个特殊的桥梁和纽带来完成。所以，作为人体中客观存在的神经及其功能，即是欲望产生的第二层物质基础。从匮欠性的“无”跨越到填充物目标性的“有”，其间的媒介便是神经及其智能感应。

我们研究欲望，研究欲望驱动下的意识活动和心理活动及其特点，就必须要弄清人的神经与欲望之间的关系问题，就必须把客观世界与主观世界之间所存在的过渡性媒介揭示出来给人们看。

一、神经系统层次论

人类的神经，支配、承载自我思维和驱策肢体运动，这一点已经是认知神经科学的定论。但这个定论似乎还有很多瑕疵需要进一步澄清。因为这里的神经一词至少涵盖着四个层次的内容：

第一个层次是大脑，是全身运动的指挥中心，也是整个神经系统的最高层次，是全身各路信息的集散地、中转站、分析器、发布台和指挥塔。

第二个层次是脊髓，是全身神经系统的主干道，是介于全身神经网络和大脑之间的信息高速公路，既有汇聚信息的功能又有传输信息的功能，在认知神经科学上绝大多数学者都把它和大脑放在一个层次，构成中枢神经系统，我对此是有不同看法的，所以特意把它放在第二个层次，其原因我将在后文详细阐述。

第三个层次是遍布全身的神经网络，包括感觉神经、传导神经和存储神经等（其中存储神经就是对各种信息具有存储功能的神经或神经元），神经网络也是整个神经系统中的外围层次，直接为大脑服务并听任大脑指挥，也是大脑的直接下属。

第四个层次是自主神经（有人称之为自律神经或植物神经），是不受主观意志控制的内脏运动神经系统。这四个层次的神经各司其职，各负其责，共同对人体内外环境进行协调和控制。

我在本书系中所研究的欲望也罢、意识也罢、心理也罢、情绪也罢、精神也罢，都是人类自身看不见、摸不着的东西，因为看不见摸不着，所以自古以来便一直成为世界性的谜团。

虽然科学家们对可视性物理空间的研究取得了惊人的成果，发明了无数的公理、原理、定理、定律、公式，但遗憾的是竟然没有一个可用来计算和解释心理、情绪、意识、观念、精神等主观世界的。这就使人们对于主观世界的研究工作一直停滞不前，不得要领，千百年来几乎没有获得任何实质性的突破，其主要原因在于人们面对这个不可视不可摸的神秘世界，一直没有找到进入其内堂正殿的路径以及科学有效的研究方法，而我的欲望动力心理学试图把人们对于主观世界的研究视角导向可见可感的物理世界中来，并借助有形世界的可视性影像映射效果，一睹主观世界天生具有的深藏不露的芳容，并根据物理世界的基本原理，利用可测量、可计算的近乎数学的方式来解释主观世界或意识空间的边界范围、层次结构、发展过程和运行规律，进而为人们提供可资参照的改造自我、改造社会、改造自然和推动人类文明进步的有效方法。

这就使得本书系从一开始就利用现代物理学、天文学、数学、解剖学、医学等多学科理论考察主观世界的形成机理和演绎线路，我认为这种借助多学科互联互通、互映互衬、互推互动的研究方法，为现代心理学、哲学、社会学、精神现象学、认知神经科学等主观世界的研究工作设计了一个崭新的观照视角，开辟了一条全新的考察路径，注入了一股新鲜的学术空气，并由此给现代意识形态领域带来了一场哥白尼式的革命。

对于人体神经系统的研究和考察，我可以首先引领读者跳开个体自我的神经范畴，转身从自我体内的世界走出来，比如站在宏观地理学角度，了解一下地球水系的基本面貌，或许从中可以找到与人类神经系统相类似的可视性启示。

图 1–1 是特定流域水系河流分级示意图。此图表明在一个特定的地理流域内，都必然分布着一个水系河流网络，这些河流可分为若干级别，如图中所显示的一级、二级、三级、四级、五级等多层级支流。这些支流按照特定海拔高度从高向低流入干流。各级支流最终都要经干流而注入大海。这个图形与人体中的神经网络分布层次非常相似。

陆地上的水，不管是从雪山上融化的雪水，还是从地表以下冒出来的泉水，或者是从天上掉下来的雨水，都从特定的地理位置沿着从高到低的地势条件淌成涓涓细流，流到小溪中，再流到本流域之内地势更低的支流中，再由支流注入干流中，最后由干流注入辽阔深邃的大海。

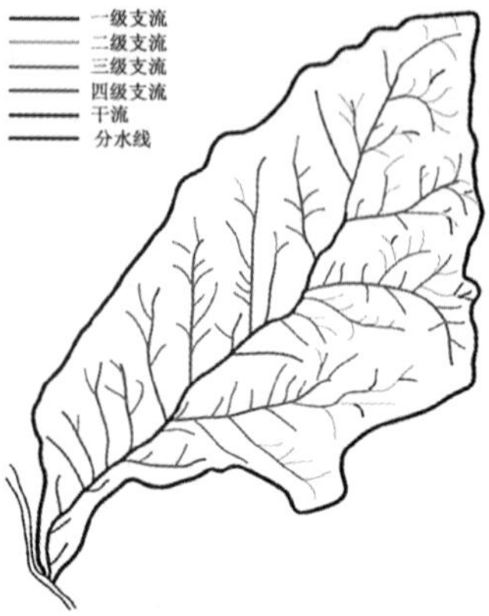

图 1-1 特定流域水系河流分级示意图

这些流水、甚至每一个水分子都或多或少地裹挟着陆地的某些信息，并把这些陆地信息传递到大海之中，而大海将这些新近流进来的淡水资源融入海水之中，与海水中业已含有的氯化镁、氯化钠、氧、钠、镁、碘等各种元素重新结合，形成与原有海水微环境状态略有不同的新的海水形态，而后大海再借助外面阳光的照射或辐射，以水蒸汽的形式扶摇直上，漂浮于天空中，形成一朵一朵的云，再随风飘回到陆地的上空，以雨或雪的形式降落到陆地上，并将大海的信息也一并反馈给了陆地，从而构成一个完整的水循环过程。

从这一角度上看来，人体作为一个具有多层次、多系统循环关系的活动着的质结构与能结构的组合体，与地球这个同样具有多层次、多系统循环关系的活动着的质结构与能结构的组合体相比，在上帝创世的蓝图上，都是按照同一种层次关系、结构关系、逻辑秩序和理论模型创造而成的。

同样的，人体神经系统（也包括人体血液循环系统和其他生理系统）也存在着这样一种网络级别关系和流动、循环、输送、传递关系。其中遍布全身的神经网络系统就相当于陆地水系的各层级的支流，而人体的脊髓就相当于最大的干流，大脑就相当于大海。

所不同的是地理水系统中流动的是水，而神经系统中流动的是信息。但水只能从高向低单向流动，倘若再逆向流回干流或支流，则只能通过大海的水蒸气漂浮成云的形式而从空中返回陆地。然而信息即便在人体内部也可以通过内部感觉神经或传导神经实现双向流动，即一方面可以从低层次神经流向二级脊髓神经，最后再流向最高级的大脑中枢神经，另一方面神经系统中的信息流动也可以倒行逆施，从大脑中枢神经中发出而经脊髓神经，再流向内部各层次的感觉神经、传导神经，从而构成人体内部信息的循环关系。

当然，大脑中的信息也可以经由眼耳鼻舌身等外部感觉神经流向人体外部，流向自我欲望力所指向的外部目标中去，然后再将所获取的外部信息经由眼耳鼻舌身等相对应的传导神经反馈给大脑，就像大海将漂浮起来的水蒸气化成云朵，从天空化成雨雪而传回到陆地，然后再经由陆地上的支流和干流而返回大海一样，构成一个由内而外和由外而内的信息循环系统。

人体的脊髓与大脑并非处在同一个级别或地位上，而是地地道道的两个层次，相当于干流与大海的关系。脊髓只具有汇合性传输功能和回流性反射功能，不会产生意识活动，所以也不能代表人类自我的主体性身份，而唯一能充当这一身份的只有大脑。大脑中所蕴藏的主观世界，就像万流归一的大海一样宽广而深邃。

下面，我们继续借助地理学特定流域之内的水系统与神经系统相近似的关系，进一步给读者展示地球上更多流域的水系，以便做一番形象而有趣的比较。

图 1–2 是长江水系示意图。长江被称作中国的母亲河，整个长江流

域好比某个特定自我的躯体，长江干流相当于这个人的脊髓，各大小支流相当于遍布其全身的神经网络，入海口处相当于人的脖颈，大海相当于人的大脑。神经信息流动方式，从内部感觉而言，就是从各层次的神经支流注入脊髓干流，再从脊髓干流注入大脑；如果从外部感觉上看，外部神经所捕获的信息经由传导神经也可以直接传递给大脑，这就像陆地水系经阳光照射并蒸发后形成云，从空中以云雨的形式既可以倾注于陆地流入大海，也可以直接落入大海之中。

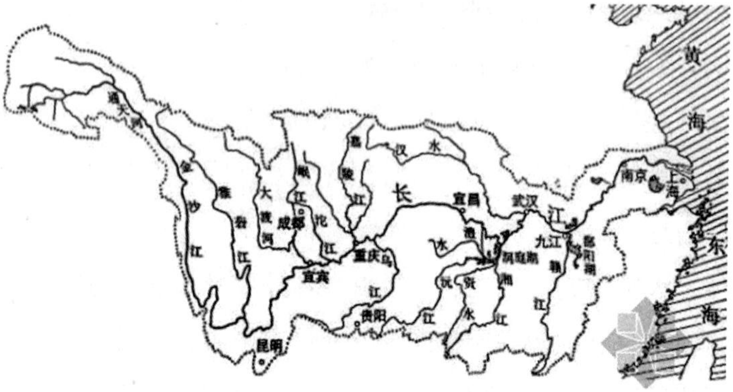

图 1-2 长江水系示意图

一般而言，在整个流域之内，某一细小的支流如果被截留，或发生水患，对整个长江流域影响不大，但长江干流某一段一旦被截留或发生水患，可能就会对整个流域产生重大影响。其作用就像人的脊髓所起的作用一样，一旦发生病变，就会造成整个人体神经系统的运转失灵，比如一些常见的颈椎病、腰椎病，都会严重影响上肢或下肢的运动，问题发生在哪个段落，则哪个段落的神经系统上游或下游的干流或支流便会被麻痹、被阻断，甚至引起相应区域运动的失调或失灵。

下面我们继续考察一下地球上其他流域水系的特点，只要与人体神经系统或血液循环系统联系起来看，就会让人感受到人体生理系统与地球物理系统在很多方面都存在着客观意志的一致性和层次关系的耦合性。

图 1-3 是亚马逊河水系示意图。仔细看分布细密的各级支流，很容易让我们联想到人的毛细血管以及人体中密集的神经网络。

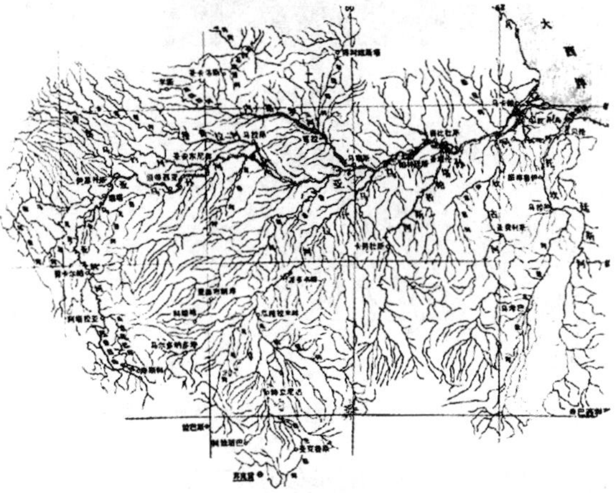

图 1-3　亚马逊河水系示意图

这个水文系统图也很容易让人联想到一株枝桠繁茂的大树，其实，大树的叶、丫、枝、茎、干与地理水系以及与人体的神经系统或血液循环系统的网络分布也极其相似，我们也可以借用树的枝桠层次级别关系来与人的神经网络或血管网络的层次级别关系做完全相同的类比。

图 1-4 是人的神经传导网络与树的营养传导网络比较示意图。树冠可以想象为人的大脑及外部感觉神经系统，树干好比人的脊髓，树的根系如同人体内部感觉神经即内脏神经系统。我们从中可以看出，不论内部或外部，整个神经系统分布的最大特征就是层次级别性特征。

人的神经系统或血液循环系统虽然都具有相同或相似的层次级别关系，但不同的人在层次级别、层次密度、脉络长度或曲度等方面又会必然地存在着这样或那样的个体差异，就像地球上不同流域所体现的水系面貌各有不同的情景一样。

我们知道，人的先天智能水平亦即智商尽管大部分彼此相当，但在具体表现上却存在着这样或那样的个体差异，这些差异，可能源自于神经系统的层次级别、层次密度、脉络长度或曲度等细微差别上。当然，

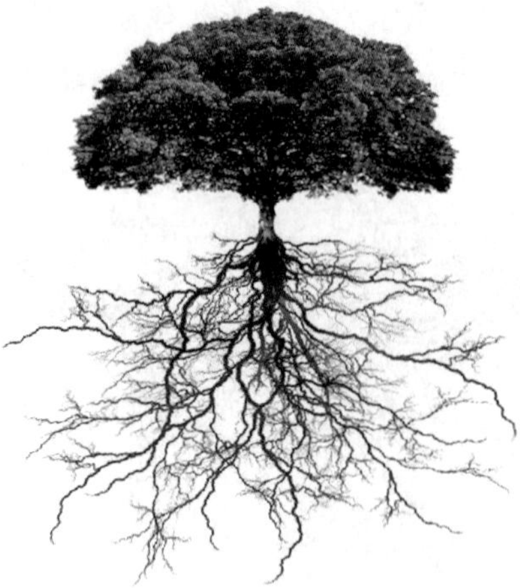

图 1-4 人的神经传导网络与树的营养传导网络比较

这些都需要解剖学的参与才能给出足够的证验。

通过对以上不同流域的水系进行比较，我们可以看出如下一些规律：

第一个规律是每一个水系都是分级分层的，各图中一般会显示到二级、三级或四级，实际上，还有一些更小的级别或层次无法在地图上显示出来，就像我们身体上的毛细血管网络一样。

第二个规律是各层级的支流总是从流域内地势高的低级小支流而注入地势低的高级大支流，最后汇总到地势更低的干流之中。这个干流与我们神经系统中的脊髓所起的作用相仿。

第三个规律是最高级的干流将整个水域的流水全部经入海口（类似于人的颈部）汇入汪洋大海（类似于人的大脑）之中，完成了对整个流域各路水文信息的终极性集结。

第四个规律是每一个支流，对于本支流汇聚范围内的小流域而言，也都相当于一个小干流，并对这个小流域具有节制功能，如一个支流被截流之后，这个支流所辖流域的水文现象就会受到严重影响，虽然对于大流域或大海水文情况也将产生一些微环境变化的影响，但影响效果不大，而对于其他小流域而言，其影响也微乎其微，甚至有时没有任何影响。每个小流域就如同我们神经系统中的某个局部区域一样，一旦发生问题，就会对周边区域或对整个神经系统产生程度不同的影响。

第五个规律是整个流域地理条件发生重大改变，如地震、火山等地质变化，都会影响整个流域的水文变化，也当然影响其所对应的大海的水文变化。这是由宇宙质能结构原理决定的，质条件发生变化，相应的能条件也会发生改变。这就像人的肉体一旦发生重大挫伤或病变，可能就会使得整个神经系统功能发生障碍，甚至可能对人的整个心灵世界产生伤害。

第六个规律是水文变化是有层次有顺序的，小流域支流的水文变化对大流域干流的水文变化影响小，而大流域干流的水文变化对小流域支流的水文变化影响大，就像人体神经系统一样，小挫伤、小病变对人的神经系统功能影响小，大挫伤、大病变对人影响大。

第七个规律是支流与干流相互干涉、相互影响，一者水旱，另一者则水匮，一者发生水灾，另一者就会受到不利的影响。正所谓“不积小流无以成江海”“小河有水大河满”“小河无水大河干”，说的就是二者之间的辩证关系。人体神经系统也一样，局部神经反应与脊髓神经或大脑神经反应具有相互关联性、干扰性和层次循环阻碍性。

地球水文系统的质结构形态与能结构形态都具有特定的层次性，其与人体神经系统的质结构形态和能结构形态的层次结构性特征具有完美的吻合性，这很容易让我们怀疑上帝最初是使用同一理论模型来创建这个世界的联想。

上帝不论创造什么东西，几乎都在其中蕴进了相同或相似的质结构层次和能结构层次，这种层次中包含着由小趋大或由大趋小、由高到低或由低到高、由少到多或由多到少、由细到粗或由粗到细、由重到轻或由轻到重、由乱到整或由整到乱、由实到虚或由虚到实、由静到动或由动到静、由简单到复杂或由复杂到简单等各种各样有形或无形的层次、级别、过程或秩序。地球水系统如此，其他包括人类神经系统在内的各种各样的宇宙系统又何尝不是如此呢？

以上我已经把地球上一些著名的水文形态平面图展示了出来，下面我们再把神经系统的平面图展示出来做一下比较，或许我们从中可以发现二者之间存在的相似应该不是纯粹的偶然。

图 1-5 是典型的生物神经元示意图。图中显示多条类似于地理学特定流域之内的支流和干流的神经曲线，说明神经网络也同样分成若干级别和层次，凡是叉出去的线条，都属于较低级的层次级别。即便这样一个简单的神经基本单位，也与地球水文系统存在着惊人的相似。

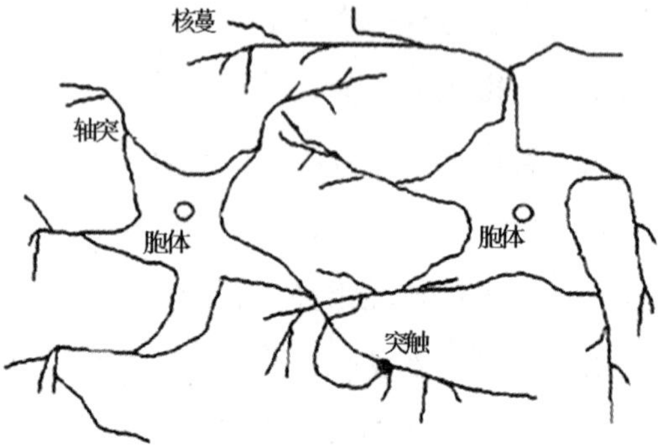

图 1-5 典型的生物神经元示意图

人类对地表水系统的研究要远比对地下水系统的研究更富有成效。但是，鉴于地球地质结构的复杂性和沙石结构的层次性，我们有理由认为地上与地下这两个空间形态的水系统在层次结构上是大同小异、不分轩轾的。而人体神经系统尽管是隐藏在躯体皮肤以下，尽管与地下水文现象相仿，但其结构层次和流动形态与我们所见到的地表水文现象示意图所显示的情景仍然具有可比性。

1-6 是人类神经元示意图。神经元，又称神经细胞，是构成神经系统结构和功能的基本单位。神经元是具有长突起的细胞，它由细胞体和细胞突起构成。细胞体位于脑、脊髓和神经节中，细胞突起可延伸至全身各器官和组织中。即便简单如一个小小的神经元，其可视性形态面貌特征，竟然也跟地理学水文系统具有相似的面相，其结构层次性、运行过程性、能量聚散性与特定流域之内的水系统在层次结构上也具有极为

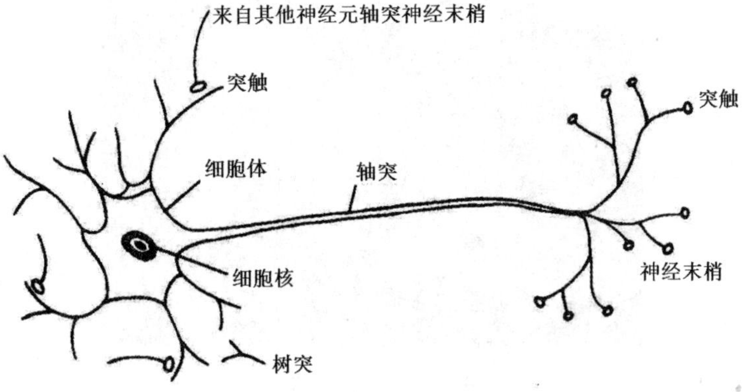

图 1-6　人类神经元示意图

相似的耦合性。

图 1-7 是人类神经元切面图。以细胞体为中心，放射性延伸出多条轴突和树突，轴突就相当于特定流域之内的干流，树突就相当于支流，而细胞体则更像一个众流相汇的湖泊。

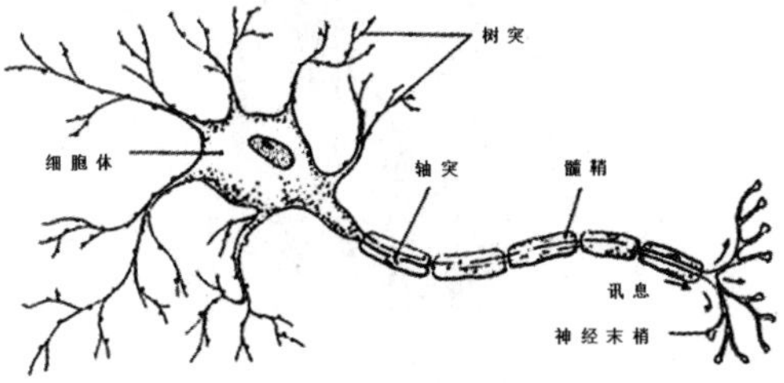

图 1-7　人类神经元切面图

我们还知道，在地球某个特定流域之内，有不少支流在尚未注入某个干流之前，还会首先注入某个湖泊里，然后再经由这个湖泊流入某个干流。从人类神经元切面中可见，细胞体就相当于这样的湖泊，所有的信息流都可以注入这个湖泊进行短暂的存储，而后再向其他地方流动，这个过程就像神经对于信息的记忆过程一样。

图 1-8 是大脑神经网络示意图，实为局部图。其中的细胞体就相当于特定信息流域之内的小湖泊，具有汇聚和存储来自于轴突或树突的信息流之功能，这也许就是神经产生记忆存储功能和表象功能的所在位置。

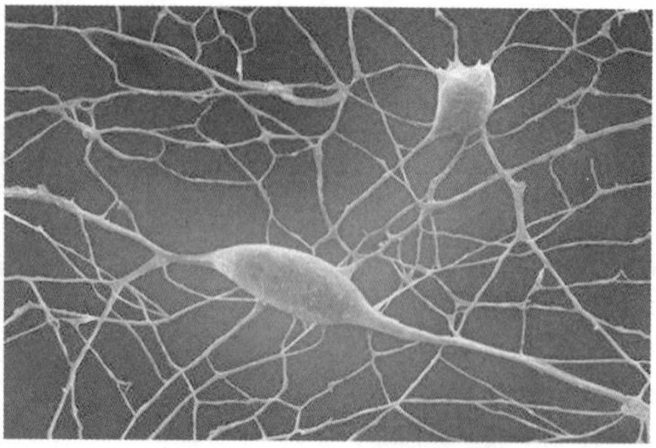

图 1-8　大脑神经网络示意图

图 1-9 是大脑神经网络的层次级别示意图。与我们所见到的地理学水系示意图中的干流与支流所分布的层次级别几乎完全一致。这种层次级别特征决定了人的神经系统总是按照一定的层次级别做出反应的，各种信息也是按照这些层次级别进行流动和传输的。

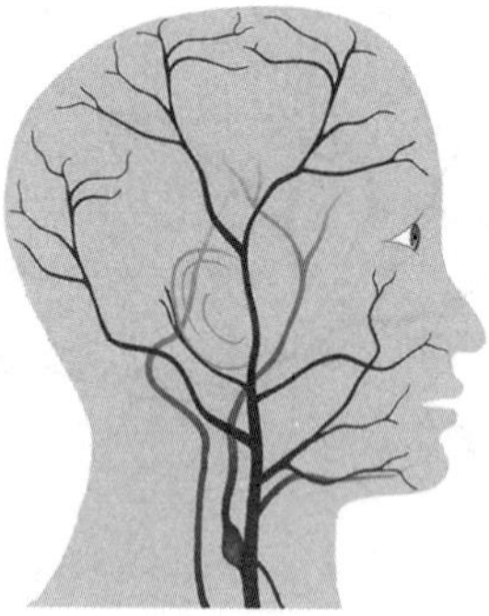

图 1-9　大脑神经网络的层次级别示意图

神经反应的层次性特征或级别性特征，决定了人体信息流动的基本特点，其层次或级别的个体差异性也决定了在不同人身上所表现出来的不同的智能层次或智能级别。

从现代神经科学研究成果来看，每一根神经都连接着特定的器官组织，都具有独特的功能，反过来，每一个器官组织都具有特定的神经及脑区管护着，而不同层次级别的神经当然管护着不同层次级别的肌体组织。

人体中共有 12 对脑神经：

第一对叫作嗅神经，主要负责鼻子的嗅觉。

第二对叫作视神经，主管眼睛的视物功能。

第三对动眼神经，主管眼球向上、向下向内等方向的运动和上睑上提及瞳孔的缩小。

第四对滑车神经，主管眼球向外下方的运动。

第五对三叉神经，此神经分为两部分，较大的一部分负责面部的痛、温、触等感觉。较小的一部分主管吃东西时的咀嚼动作。大的感觉神经又分为三支：第一支叫作眼支，主要负责眼裂以上之皮肤、粘膜的感觉，如额部皮肤、睑结膜、角膜等处的感觉；第二支叫作上颌支、主管眼、口之间的皮肤、粘膜之感觉，如颊部、上颌部皮肤、鼻腔粘膜、口腔粘膜上部及上牙的感觉，第三支叫作下颌支，主管口以下的皮肤、粘膜之感觉，如下颌部皮肤、口腔粘膜下部及下牙的感觉。

第六对外展神经，主管眼球向外方向的运动。

第七对面神经，主管面部表情肌的运动，此外还主管一部分唾液腺的分泌以及舌前三分之二的味觉感觉。

第八对位听神经，由两部分组成，一部分叫作听神经，主管耳对声音的感受，另一部分叫作前庭神经，其主要作用是保持人体的平衡。

第九对舌咽神经，主管咽喉部粘膜的感觉，一部分唾液腺的分泌和舌后三分之一的味觉，亦与第十对迷走神经一起主管咽喉部肌肉的运动。

第十对迷走神经，除与第九对舌咽神经一起主管咽喉部肌肉的运动外，还负责心脏、血管、胃肠道平滑肌的运动。

第十一对副神经，主要负责转颈、耸肩等运动。

第十二对舌下神经，主管舌肌运动。

尽管现代神经科学获得了长足的发展与进步，但神经在人体中的分布情况及其管控区域还有很多未能解开的谜团，为此还有待于神经科学工作者做出更深入的研究和更细密的注疏与解读。

图 1-10 是人体自律神经网络示意图。人体内脏器官中的神经作为较低层次的支流分别与脊髓作为高层次的干流相连，并将各自信息汇入脊髓主河道，然后再注入大脑的海洋。

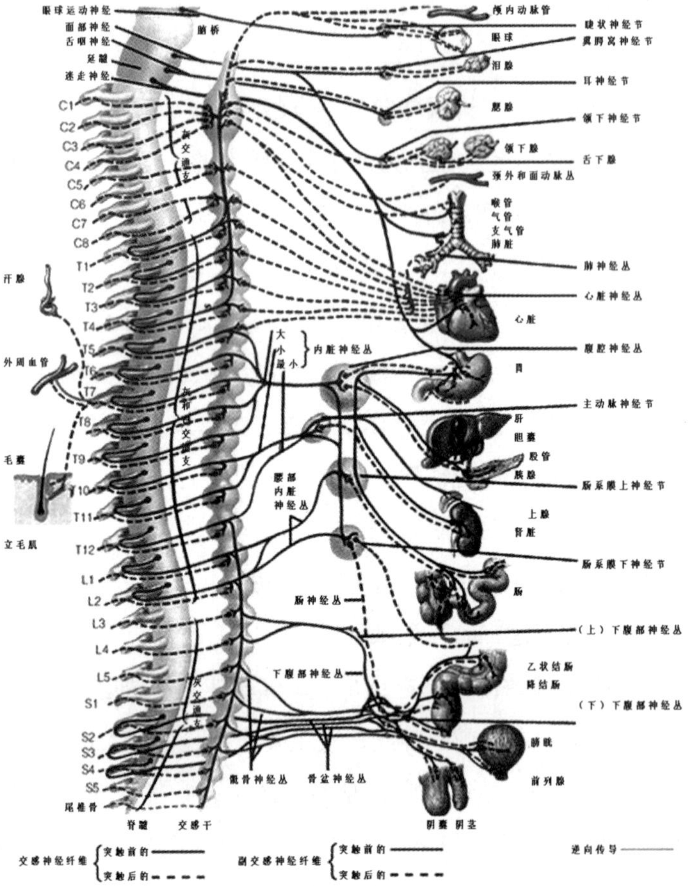

图 1-10 人体自律神经网络示意图

自主神经也称为自律神经或植物神经，是人类整个神经系统的最低层设计，主掌着内脏和其他非意志性肌肉系统的运动，包括人体内部各器官的工作协调、体液与体气的循环运动、细胞的生长与衰退等均由自主神经负责，例如打呼噜、咳嗽、出汗、肌体衰老等现象都是自律神经（植物神经）主掌的内容。

如果有谁想研究人类衰老与长寿问题，就必须首先揭开自主神经（植物神经）的底层奥秘，找到影响、掣肘和左右其发挥独特作用的神秘枢纽，并藉此改变其既有的功能运行模式，使人体永葆青春，进而实现返老还童的古老梦想。

图 1−11 是人体神经网络分布示意图。表明整个人体内部的神经按照一定的层次级别，遍布于人体的每一个角落，形成了一个纵横交织的网络，而且每一个神经细胞都是这个网络上的一个点。这就意味着每一个神经细胞都与整个神经系统相连接，任何一种刺激都会在整个网络中做出反应并向大脑方向传递。同时，由于神经网络具有显而易见的层次级别性，所以，每一种神经反应也都是按照一定的层次级别进行传递的。

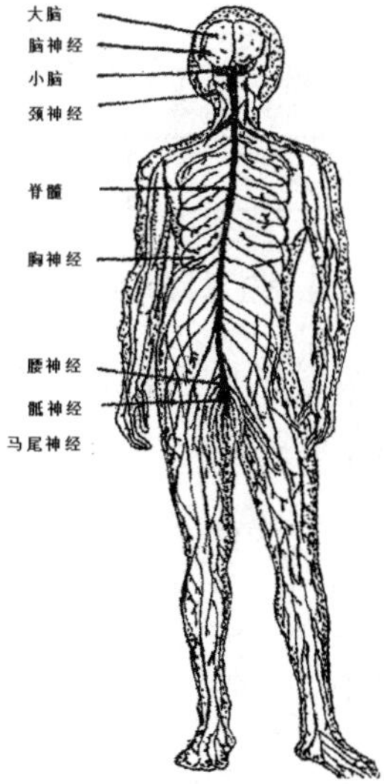

图 1−11　人体神经网络分布示意图

人体神经系统与地球水文系统或树根及树冠的营养信息系统具有完全一致的层次网络形态和层级传导规律，我将这一规律称为神经层次理论。

图 1−12 是人类神经循环系统的层次级别及其关系示意图。这个图所显示的分类方法，也是传统生理学或神经科学的经典分类方法。在这

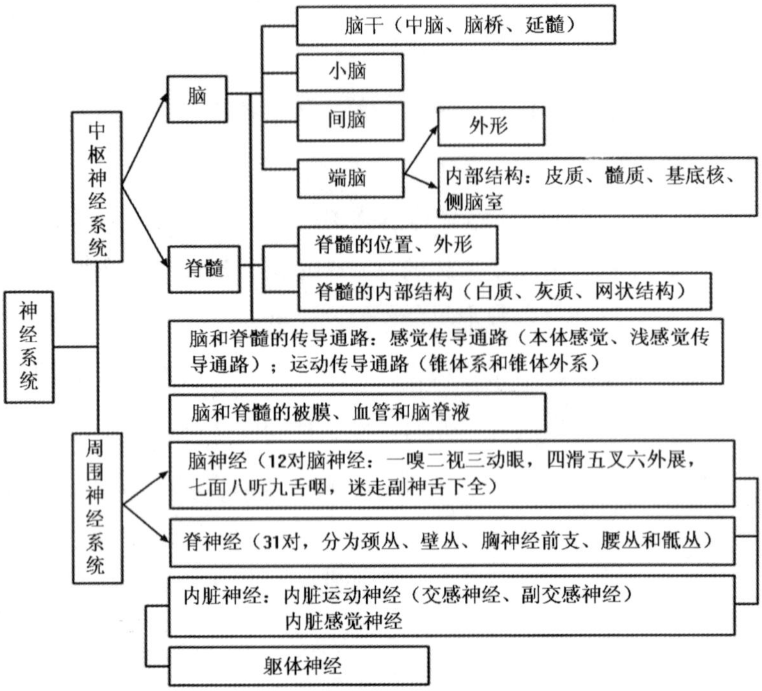

图 1-12 人类神经循环系统的层次级别及其关系

个图示中，我们按照神经系统的质结构和能结构的对应关系，将整个神经系统分成多个层次级别关系。

人体神经系统从整体上分为两个层次：中枢神经系统和周围神经系统。

中枢神经系统再往下分，又分为脑和脊髓。

脑再往下分则分为脑干、小脑、间脑、端脑，而后还可以继续往下分成若干层次级别。

脊髓往下分，可以分成神经、灰质、前索、侧索、后索。

周围神经系统分为两个层次级别：脑神经和脊神经。

脑神经还可以分出若干层次级别，脊神经也可以分出若干层次级别。

最后还有内脏神经系统和躯体神经系统，都可以分出若干层次级别。

同时，每一个层次级别的神经都具有不同的功能，即不同神经层次级别的质结构决定了不同神经层次级别的能结构。不同层次级别的能结构也促成了不同层次级别的质结构的形成、发展和进化。同样的，整个神经系统质结构层次决定了其所具备的能结构层次，能结构层次对质结构层次具有催生、拉动和协调作用。

每个层次级别不同，信息流向不同，曲度函数不同，决定了信息反应数量、质量和速度的不同，由此也决定了个体自我智能反应水平的不同。

大脑和脊髓虽然都属于中枢神经系统，但二者的地位是明显不同的，脊髓虽然也主导人体整个神经系统，但它只是将遍布全身的神经网络信息做一次归拢，但仍然承担着传导功能，但不是最终的汇合，最终汇合处是人的大脑。所以，我将脊髓与大脑分为两个层面，属于上下级关系。

如果我们把中枢神经、周围神经、躯体运动神经等这些具有一定主观意志性特征的神经合在一起简称为随意神经系统的话，那么，自主神经系统与随意神经系统两个部分或两个层次不可能是完全隔离的，彼此之间必有一种联通方式、接应方式或转换方式存在，使得人类自我在顺应欲望方向或逆应欲望方向上所驱动的主观意志活动，总是奇妙地和不可避免地作用于自主神经系统中，并与自主神经系统产生纠缠、振荡和波动性反应，进而引起内脏运动系统包括肌体、器官、组织以及腺体、血液、呼吸等发生一系列连锁性改变，这个过程就是心理情绪反应过程。

这说明，人类心理情绪反应通常并不是由随意神经系统直接驱动的，并不是由单方面的自我主观意志决定的，而是由随意神经系统和自主神经系统相互纠缠振荡和共同发生作用的结果。这同时也说明从随意神经系统到自主神经系统之间存在一个中间环节的功能转换器，随意神经功能可以经由这个转换器而转换为自主神经功能，或者是自主神经功能经由这个转换器转换为随意神经功能。

毋庸置疑的是，自主神经系统主控的内脏器官运动以及与新陈代谢等有关的能量转化与消耗只有在达到特定阈限之后才能转换为内部感觉，并经由内部感觉传输给大脑中枢神经而进入主观意志控制范畴，我们有理由推断这个阈限临界点即是自主神经系统与随意神经系统互通互联的转换器。比如尿液分泌到一定阈值之后才能产生尿意，食物残渣积累到一定阈值之后才能产生便意，食物在体内消化前期，不会产生饥饿感，待到食物消化到一定阈限之后才能产生饥饿感，在尿意、便意、食欲或性欲等欲望产生之前的新陈代谢过程，则归属于自主神经系统来打理，之后则转化到随意神经系统来打理。

由此，我们可以确认，自主神经系统与随意神经系统之间的转化器就在欲望产生之前与产生之后的临界点上，而且这种转换是在物质能量与生理能量相互转化到某个特定阈值之后发生的。

我们至今对这个体现在神经反应环节上的转换器的工作原理尚不清楚，但我们清楚的是它所起到的联通、接应、转换和驱动作用。这种作用的发生即是能量转化或功能转换的结果。比如人由清醒而进入睡眠过程，就是随意神经功能向自主神经功能的转换，其间必有一个连接两者的转换器在发生独特的转换作用，不然，人就无法从随意神经所主持的清醒状态转而进入了自主神经所主持的睡眠状态，个体自我对于隔离在两个神经系统之间的这道“墙”是怎样翻越过来翻越过去的呢？

我们知道，自主神经是人在胚胎时期起主导作用的神经，那时的随意神经发育尚不成熟，或者说随意神经尚不能有效发挥作用。说明自主神经是支撑人和驱动人做生命运动的本原神经，可称为先神经或原神经，而随意神经及其功能则是大脑趋于成熟并被外在刺激信号激活之后的产物，属于后继性或意动性神经，可称为后神经或意神经，先神经主宰生命，后神经主宰意识。

人从清醒进入睡眠的过程就是后神经功能向先神经功能的回归与转换，所以必然经由一个介质性转换器来完成回归与转换的功能。而失眠就因为后神经功能一时半会无法向先神经功能实现正常转换造成的结果，问题或许就发生在“后神经—转换器—先神经”三者之间的不相匹配、不相协调上。这个转换器必须在身体疲倦且感觉神经不被干扰或不被强烈干扰的条件下，在后神经、转换器和先神经处于静息状态或生物电磁波处于谐振或共频的条件下，才能顺利实现联通、接应和转换功能。根据这一原理，我们或许可以找到治愈失眠的有效方法。

当然，鉴于人类对于神经系统的质结构研究和神经系统的能结构研究方面，还缺乏更为实质性的突破，在研究方法上还仅仅局限于解剖学、病理学、影像学和电磁感应学等有限范围内。其中有些质结构的关系和能结构的作用及其相互联系尚未给出科学的界定和规范理论模型的解读，这就使得我暂时对于整个神经系统的层次级别及其关系的划分还无法找到更好的可资依循的标准。

我在这里将人体神经系统与地理学中的水系、植物学中的树系进行比较性研究，试图创造出一种可视性研究效果，将抽象的神经反应做出形象性和物理性的解释。

我们知道，陆地的水系分为支流、细流等若干层次级别，树冠或树根也分为枝节、丫杈等若干层次级别，从而形成具有多层次多级别的信息传递和信息循环系统。

对于一个人而言，大脑的层次级别是最高的，大脑反应是代表整个自我的意志性反应，是整个自我一切信息的汇总中心和一切运动的指挥中心。自此以下层次的神经反应，以及脊髓神经以下的其他诸层次的神经反应，都是被动性反应，不管是来自于大脑以下的内在性被动，还是来自于客观事物的外在性被动，低层次的神经永远改变不了受动者的地位。即低层次神经反应作为受动性和被动性反应主要体现在两个方面：

一是受动于客观事物的刺激。

二是受动于自我大脑的支配。

而人类行为的受动性则主要来自于智能性随意神经的支配。

然而又是什么在驱动人的大脑反应和发挥其功能的呢？这个指挥官不是别的，而是人的欲望。

任何一种事物、一种结构、一种逻辑、一种秩序、一个组织、一个系统、一个过程，都必然地存在着一种特定的层次关系，层次既是保证事物稳定性和持存性的条件，也是保证事物发展性和变化性的条件，我将这个观点称为宇宙层次论。

宇宙层次论可以为人们在天文、地理、物理、化学、数学、生物、神经、思维、意识、精神、信息、社会、管理、技术、运动、过程、联系、关系、事件、问题等项目或课题的研究提供有效的思想方法，在事物中首先要找到隐含在其中的层次结构和层次关系，并通过层次结构和层次关系揭示事物的本质属性、运动过程和运行规律，同时我们根据宇宙层次论思想，通过增加或减少事物的层次结构和层次关系而改变事物的质结构或能结构，进而实现新的创造和发明。

事物的复杂性就在于事物的层次性，一种事物从不同的研究视角可以发现多个层次。比如地球即是一个多层次的系统，包括地质层次系统、水文层次系统、山脉层次系统、陆地层次系统、海洋层次系统、气候层次系统、生物层次系统、资源层次系统，等等。比如人体也是一个多层次系统，其中含有血管层次、神经层次、反应层次、运动层次（先思维后行为），等等。还比如修养也是一个多层次系统，包括认识层次、文化层次、科技层次、理论层次、思想层次、精神层次，等等。再比如社会也是一个多层次系统，包括政治层次、经济层次、交际层次、管理层次、文明层次，等等。

不同层次系统之间或在单一属类的层次系统内部必然发生层次交叠、纠缠、振荡现象。此等情况可以借助还原理论把每一个属类的层次拿出来进行单独的部分性研究，然后再整合起来进行整体性研究，即可分清更细微的层次脉络。而且每一个大的层次中都包含着若干小的层次，比如神经层次中包含着自主神经、感觉神经、脊髓神经、大脑神经，而每一神经层次中还包含着更低的层次，即便单个神经元也包含着细胞核、轴突、突触、树突的层次，还包含着对刺激做出不同反应状态的层次。

这就意味着，宇宙中的一切事物都至少包含着三个方面的层次：一是质结构层次，二是能结构层次，三是运动过程结构层次。

其中质结构层次与能结构层次互为共轭，共同决定运动过程结构层次，而且三个层次可以实现相互递变和转化。即特定的能结构层次可以转化为特定的质结构层次，并共轭地决定了特定的运动过程结构层次；反过来，特定的质结构层次可以转化为特定的能结构，并共轭地决定特定的运动过程结构层次。这一规律，我称为宇宙层次转化定律。宇宙中一切物质现象、社会现象、精神现象及其运行规律，都无一例外地和严格地遵循宇宙层次转化定律。

按照宇宙层次论推导，事物的层次越多则越复杂和越高级，事物的层次越少则越简单、越低级。宇宙中的一切事物总是按照较少层次向较多层次、简单层次向复杂层次、低级层次向高级层次进化和发展的，我将这一规律称为宇宙层次进化定律。

按照这个定律，人类社会的一切文明成果都是逐层发展而来的，不可能跨越必须经历的客观层级和演绎过程而实现悖理性跳跃。

这就意味着，人类的任何创造发明都不是从天上掉下来的，都必须经由客观世界影像资料的刺激性启示或提示，才能产生灵感。离开客观事物层次、影像资料映射层次、影像与欲望对接层次、影像或表象对意识的联通层次，人类就不可能产生发明创造的冲动，就不可能凭空创造出超过影像信息或表象意义启示之外的设想、理想、志向、目标及其思维运动过程。

我们知道，原始社会的人类不会发明和创造出飞机，不可能产生莱特兄弟的创造构想和思维蓝图。因为那时的人类即便通过飞鸟的影像而产生了飞的联想和欲望，但由于当时所面对的客观世界没有金属材料映射的影像信息，更没有蒸汽机、电动机、内燃机等动力装置映射的影像信息，所以，不可能超越若干特定的发明环节和文明层次而创造出高翔蓝天的飞机来。

同样的，如果没有威廉 · 吉尔伯特对电性做出理性确认的层次，如果没有盖利克对摩擦起电机的发明创造层次，如果没有格雷对导体和绝缘体做出分类的层次，如果没有莱顿大学教授彼得·冯·慕欣布罗克对电容器设计发明的层次，如果没有法拉第、贝内特、库仑、伏打、麦克斯韦、赫兹、马克斯威尔等人对电学或电磁学的联动性、接力性贡献的层次，便没有爱迪生、贝尔利用电发明电灯和电话的大脑思维层次。

而且还可以进一步推导下去，如果没有帕斯卡、莱布尼兹发明的机械式计算器的层次，如果没有巴比奇对于机械式可编程电脑的科学构想层次，便不会产生约翰·阿坦那索夫、比尔·盖茨、乔布斯等对电脑的革命性创新层次。

比如某公共浴池里设有一个固定的搓澡台，每次有顾客需要搓澡时，为了把搓澡台清洗干净，总要花费较长的时间，即便这样，有些顾客对搓澡台的卫生状况仍然心存疑虑。按照宇宙层次论分析，要解决这个问题，就必须设法增加一个层次，即在每个人搓澡前，都在搓澡台上换一张崭新的塑料布，用清水一冲，顾客便感到清洁无比，尽可以放心地躺在搓澡台上搓澡了。

一张塑料布看似简单，对于整个事物程序或管理模式来说，却是新增加的另外一个新层次，正是这个新层次，解除了顾客对于卫生状况的担忧。所以，层次可以改变事物，层次可以改变观念，层次可以解决现实问题。

同样的，一个人写作一篇文章，设计一个蓝图，内心中必然地存在着所经历和所占有的客观事物影像信息的拼接与交合，如果没有对客观影像信息资料的占有层次，便不可能创作和设计出任何文章和蓝图来。主观世界与客观世界不仅具有高度的质能关系的对称性和层次性，而且也具有严谨的运动过程的对称性和层次性。

按照宇宙层次论推导，我们有理由认为，宇宙中有多少质结构层次，就有多少能结构层次，有多少种层次，就蕴含着多少种规律和多少种可能性的发明。层次决定规律，而不是规律决定层次。因为层次属于客观存在，是上帝安排的秩序，而规律属于主观认识，是人类后天发现的妙理。先有层次而后才能从层次中探索规律、发现规律和验证规律，二者的先后关系决定了人们必须按照先层次后规律的顺序观察问题、思考问题、研判问题，最后再经由层次验证规律。

客观事物的质结构层次关系，是一种具有视觉效果的静态序列性物质层次关系；信息流转的能结构层次关系，是一种具有非视觉效果的动态过程性功能层次关系。宇宙层次论表明宇宙中的一切事物都是按照一定的层次结构、逻辑秩序进行排列组合的。具体地说来，这种层次或逻辑关系主要表现在以下几个方面：

一是任何事物得以存在的质结构形式都具有特定的层次关系、级别关系，并按照这种关系建立该事物本身的缔结方式、排列规则、逻辑秩序、组织架构和形态特征。

二是任何事物得以运行的能结构形式都具有特定的层次关系、级别关系，并按照这种关系建立该事物本身的运行次序、运行规律、运行逻辑、运行轨道和运行过程。

三是任何事物的质结构层次不同，其能结构层次也一定不同；反之，能结构层次不同，其质结构层次也必然不同。质结构层次越少，越简单，则其能结构层次也越简易，越低级；反之，质结构层次越多，越复杂，则其能结构层次也越多，越高级。

四是层次的必要性决定事物的实用性和有效性。必要的质结构层次总是对应于必要的能结构层次，反之亦然。

在一个复杂的质结构层次系统中，只要每一个层次的设置都是必要的，有用的，便意味着这个事物即是高级的和精密的；反之，便是多余的、无用的和浪费的。一切叠床架屋的结构形式都是不必要的层级设置，必须加以卸除；而一切有效的、有用的和必要的层级设置，一个都不能少。

这就意味着，凡是复杂的、高级的、精密的事物，都是多层次的，每一个层次都是环环相扣的。要想给某一特定事物设置更多的功能，就必须增加必要的质结构层次，质结构层次越多，其功能（能结构）也越多，传递速度当然也越慢，操作、使用和维修起来也越复杂。即质结构层次的多少决定功能的多少，事物质结构层次的复杂性，决定事物功能运行过程的复杂性。

五是宇宙中的一切事物都具有特定的符合自身存在性的层次关系。一事物与另一事物的相同或相似，必然具有相同或相似的层次结构关系；一事物与另一事物的不同，必然具有相异或相反的层次结构关系。

六是宇宙层次论不仅适用于客观物质世界，也适用于主观精神世界。这就意味着，主观精神世界中的一切现象都遵循着与客观物质世界相同或相似的层次结构关系，即主客观两个世界的层次结构关系彼此对应且对称，符合宇称守恒定律。

宇宙层次论可以涵盖宇宙中一切事物的方方面面，比如我发现：动物生存环境也是有层次的，有的动物生活在土层中，如蚯蚓；有的动物生活在水层中，如鱼类；有的动物生活在空气层中，如人类或鸟类。每一种动物的环境层次不能随便穿越，一旦改变环境层次便无法生存下去，而且从土层上升到水层，从水层上升到空气层，环境密度越来越疏朗，动物越来越高级，活动范围也越来越广阔。

我们人类有幸生活在空气层，似乎实在应该感谢上帝的造化之恩，或许我们死后的灵魂可以转生在超越空气层而上升到了没有空气的太空层之中去了，于是在那里更加自由自在，得其所哉，乐不思蜀了，不但无法而且也不屑于再回到空气层中生活了。所以，这也许是“凡去了那个神秘王国的人们，竟不曾有一个回来过”的原因。

宇宙层次论一方面是人们认识世界必须遵循的基本理论模型，是对各种物质构成方式和各种能量运行和转化的过程性描述、逻辑性展示和规律性追踪，另一方面也是人们改造世界必须遵循的基本原则和方法。即是说，要想使一种物质发生改变，或使一种功能发生改变，就必须增加或减少原有的结构层次。

比如我们制作面包时，为了改善味道，就必须在质结构或能结构方面增加一些必要而有益的层次，我们可以选择添加糖这个层次，也可以再选择添加盐这个层次，还可以选择添加枣泥、花椒粉等不同的层次。每增加一个层次，其味道或口感都会发生一次改变，相反，每减少一个层次，其味道或口感也会发生一次改变。如果不增加任何层次，那么这个面包出炉后就必然会保持原汁原味的状态。

同理，我们要想搞发明和创造，就必须在原有物质层次或功能层次上再增加或减少某些层次，一部高级轿车与一部普通轿车相比，其质结构层次和能结构层次必然存在着很大的不同，凡是高级的设备、仪器，其质结构层次和能结构层次都要比低级的设备、仪器多出很多，而且层次越多，质结构越复杂，能结构越高级。

甚至不限于物质层面，也包括事务性层面，比如社会行政系统、企业管理系统、政治系统、军事系统、经济系统、文化系统等等，都必须遵循宇宙层次论的指导思想，只要增加一个功能，就必须多设置一个层次的部门或人员。同样的，倘若减少一个层次的部门或人员，就必然减少一层功能。在一个系统庞大的组织中，强调精兵简政思想，必须考虑层次设置的必要性和重要性问题，以及在不同层次之间是否存在功能交叠的情况，凡是有交叠的、凡是有负面功能的层次设置，就可以考虑加以卸除，加以精简。

宇宙层次论不仅适用于科学研究、创造发明、技术革新，而且也适用于政治谋略、军事布局、管理策划等各个方面。减少层次的意义在于减少成本，增加层次的意义在于增加功能。

人类一切文明成果，都是在自然物质系统、社会系统和意识形态系统的质结构层次或能结构层次的增减中取得进步和发展的。对人类社会实践而言，宇宙层次论对人们改造自然、改造社会具有非常明确的指导性、实用性和可操作性。

二、神经系统的信息循环关系

通过自我体验和观察研究，我们可以发现，神经系统中存在着三种循环关系：一是人体神经内部循环关系，二是人体神经与外部世界构成的内外循环关系，三是人体神经与外部世界对接后产生的诸多表象在大脑记忆空间中构成的内省式流动性循环关系。四是大脑内部欲望意义与影像或表象之间的转换性和交替性循环关系。

而促使人类产生以上四种循环关系的神经网络，我在这里分别称之为神经内部循环系统、神经内外循环系统、神经像象循环系统和神经意像（象）循环系统四种。

1. 神经内部循环系统

人体所有神经都是相互连接在一起的，相当于一个微型电网，这个微型电网本身就具有信息电流可以在内部神经管道传导的循环功能。人体内部的神经循环关系主要体现在如下三种情况：

（1）人体内部神经系统的整体循环关系。

就整个人体而言，所有神经都是互连互通的。人体任何位置发生匮欠、出现故障、受到刺激，内部感觉神经都会不请自到，立刻做出反应，并从相应部位出发，将不适感或舒适感通过传导神经传导到脊髓中枢神经，而后再由脊髓中枢神经传导到大脑中枢神经，并由大脑中枢神经对这一信息进行效验和加工，形成处置指令，然后将处置指令传导到效应器转化成具体处置动作和行为，最后再由内部感觉神经验收处理结果，从而构成内部信息传导的“内—内”循环关系。

而且这种“内—内”循环在不适问题未予解决之前不会无故终止。其具体循环线路是：匮欠发生部位→内部感觉神经觉察（对匮欠部位产生不适反应）→传导给脊髓中枢神经→传导给大脑中枢神经（分析器：对匮欠进行分析，寻找解除方法，并发出动作指令）→大脑发出的指令传给动作神经（效应器：做出解除不适的具体动作和行为）→内部感觉神经再次感知原匮欠部位，相当于对动作结果进行验收评估（或不适感消除而进入舒适状态，或不适状态未解，此类循环继续往复进行），至此完成一个循环关系。

（2）与单个器官相连的局域循环关系。

按照大脑结构分区与功能对应理论研究的成果，人体中的每一个器官都有特定的神经通道与特定的中枢神经区域相连，这种相连关系便构成了特定的内部小循环关系。其循环路线是：某器官发生不适→内部感觉感觉到了这一不适→传导到脊髓中枢神经→传导到大脑中枢神经，确认并分析这一不适→传导给效应器处置这一不适→再由内部感觉对处置结果进行验收并沿着原有路线向大脑报告结果。

每一个内脏器官都有其相对独立的神经回路，而且每一个内脏器官比如心脏、肾脏、膀胱、胃肠、腺体等也都具备一定的发电机的功能。这与生物电或神经电之间必然存在着某种特殊的关系，并与神经回路一起构成输入与输出的循环。

（3）在神经元之间存在的微循环关系。

神经元有两种基本的传导方式：一是神经元内的传导，亦即同一神经元内部各要素之间，通过带正电或负电的有关化学物质的相互作用而实现的传导，这种传导体现为一种循环交换的特性，这一点，可以在其他诸多神经科学方面的研究中获得详细的解释；二是神经元之间的传导，亦即不同神经元之间的传导。具体传导方式是：一个神经元 A 从末梢节释放神经递质→神经递质经过突触到达另一个神经元 B 的树突或细胞上的受体→神经元 B 的树突受到从神经元 A 接受的神经递质的刺激，直到神经元 B 达到自己特定的兴奋阈→这些神经递质的影响合在一起，并随着数量的增加而使这种影响也同时增大。

2. 神经内外循环系统

人自从母腹中降世开始，便天然地与外在客观世界环境存在着无法摆脱的联系。但是，如果没有神经，这种联系对人类本身来说便没有任何存在的意义，就像一座山或一条河对于一块石头而言没有任何主观存在的意义一样。也正是因为有了神经的缘故，人类才实现了从物质层面向精神层面的对接性演绎，才发生了从客观世界向主观世界的跃升性奇迹。

我们知道，人类的主观世界是完全由信息构成的，有什么样的信息内容、信息数量、信息形式和信息关系，便构成了什么样的主观世界，而这些信息是从哪里来的？是从人体内部世界和人体外部世界中捕捉来的，汇聚来的，传导来的。上文我们已经阐述了神经在人体内部环境中所构成的内部循环关系，这里我们主要阐述一下人体与外部环境所构成的内—外循环关系。

人体对外部世界信息的捕捉主要依靠的是眼耳鼻舌身等五大感官，这五大感官获得的感觉被称之为外部感觉。其循环路线和循环方式主要有如下两种情况：

（1）发端于人体内部匮欠而与人体外部环境目标构成的循环关系。

这种关系是内部感觉与外部感觉各负其责各司其职的感应性对接，内部感觉察觉匮欠的存在，外部感觉寻找外在的目标以填充匮欠满足欲望，二者遥相呼应，珠联璧合，配合默契。其信息在神经管道上的循环路线是：匮欠→内部感觉神经→传导神经→脊髓神经→大脑中枢神经（针对匮欠产生不欲之欲，同时针对外在目标产生所欲之欲）→传出神经→外部感觉神经→外在相关目标→传入神经→脊髓神经——大脑中枢神经（分析与指令）→传出神经→动作神经→动作行为→外在目标→外部感觉神经→内部感觉神经→脊髓神经→大脑中枢神经。不管是内部感觉还是外部感觉所采集的信息，根据感觉神经所在人体的部位不同，有的要经由脊髓中枢神经传给大脑，有的则直接经由传入神经直接传给大脑。

比如饥饿作为一种匮欠出现之后，首先必然要被内部感觉所感知，并由传导神经发送到脊髓中枢神经，再由脊髓中枢神经传给大脑中枢神经，大脑藉此产生了针对食物匮欠的不欲之欲（这是人类产生精神活动的原动力，也是负向驱动力）。然后大脑把这种不欲之欲转化为针对外在相应食物目标的所欲之欲（这是人类与外在客观事物建立联系的正向驱动力），大脑沿着这一方向指令驱策外部感觉神经寻找食物目标，外部感觉神经将寻找食物目标的结果直接通过传入神经或间接通过脊髓中枢神经再度传导给大脑中枢神经，大脑中枢神经对匮欠和填充物目标进行比较分析，做出选择和获取食物目标的决策，并确定获取食物目标的方式和方法，而后发送指示给动作神经，针对外在食物目标实施具体的动作行为。

外部感觉神经对动作行为进行效果性体验，并通过传入神经向中枢神经报告体验效果。同时在匮欠得到填充过程中，内部感觉神经对欲望被满足过程做出舒适性体验和感受（即不欲之欲的负舒适感被所欲之欲的正舒适感有效解除并取代），内部传导神经将这一体验结果通过脊髓中枢神经传导给大脑——这就完成了一个回合的信息性循环。

发端于身体内部的信息,传导到身体外部,再由外部传导到内部的“内→外→内”式的循环是一种最基本的信息循环形式，我称之为第一循环回路。

（2）发端于人体外部刺激而与人体内部环境构成的循环关系。

人的眼耳鼻舌身除了睡眠时间之外，每天都在梭巡着人体外部的大千世界，来自于外部的刺激作为一种客观信息，必然要在神经管道上进进出出，构成一种循环关系。

其循环路线是：外在信号→外部感觉神经接受刺激→传入神经向脊髓中枢神经或直接向大脑中枢神经传入→大脑中枢神经进行分析并根据内部感觉是否存在相应匮欠而确认刺激信号的欲望意义→大脑中枢神经按照欲望意义加工出某种特定指令并发送给传出神经→传出神经将这一

特定指令传导给动作神经→针对外在目标发出动作行为→外部感觉神经把控和调节外在行为效果并随时与大脑中枢神经实现互应互动，从而构成一个“外→内→外”式的循环关系，我称之为第二循环回路。

这一循环完成之后，便与第一循环回路实现对接，即内部感觉神经对于动作行为将目标物填充匮欠的过程做出效应性体验，并将体验结果直接汇报给大脑中枢神经或通过脊髓中枢神经间接汇报给大脑中枢神经，然后大脑中枢神经再根据体验结果重新发号施令，从而进入新的循环回路之中。

属性不同的信息，其循环通道或循环回路是不同的。光信号传导路线是从眼睛到大脑的神经通道，与声信号从耳朵到大脑的神经通道存在着结构上的不同。比如眼睛看到一个新鲜的色彩，视觉会把这个色彩及其新鲜程度传递给大脑中枢，而后再由大脑中枢对这个颜色与其他颜色的表象进行比较，得出一种结论或者一种意义，而后根据这个结论或意义决定是否传出某种指令给动作神经，从而构成一个神经循环回路。

人的神经与外部环境的关系绝不像与内部环境的关系那样简单而直接。前者所构成的第二循环回路，属于无线性传导和循环，即没有神经纤维或神经细胞与外部世界建立的血肉相连的一体性关系，在外部世界的空间中没有与自己相连的神经电网络。其信息循环关系的构成完全依靠外部感觉的特殊功能，亦即眼耳鼻舌身的视听嗅闻触等感官功能所产生的欲望场力实现的，从而使外部世界的万般事物虽然不具备神经功能却能够成为信息循环的一个部分，一个环节，一个链条。后者构成的第一循环回路，属于有线性传导和循环，即居于人体内部的整个神经网络连为一体，自成系统，如同电路首尾相接，构成了信息循环关系。

所以，相比之下，神经系统的第一循环回路比第二循环回路显得更为直接而易于理解。可以说，第一循环回路依托于一种完全的质结构形式，整个网络或循环路线都是由神经细胞连接在一起的。而第二循环回路则依托于一种特殊的能结构形式，整个循环路线中有一部分路段仅仅与外在客体目标隔空相连，是依靠欲望场力产生遥感性联结关系，没有神经细胞直接与外在目标在实质上连接在一起，但依然与内部神经网络构成循环关系。

3. 体现在大脑中枢神经内部的像象循环系统

我在这里所说的“像”，指的是客观事物在大脑中所形成的各种影像、镜像、音像、物像，包括外在事物经由人类感官而投射于大脑中的形状、色彩、声音、味道、触感等一切形象性信息。

我这里所说的“象”，指的就是表象，是影像资料被存储之后的拷贝和复现。人的神经系统所承载的一切形象性信息都是通过这些形状、颜色、声音、味道、触感等影像或表象的形式进行传导和存储的。其中存在着两种循环方式：一是“像—象”循环关系，即外在客观事物映射于大脑中的影像与大脑中既有表象之间建立联系，形成互动，特别是同类别、同属性的表象会与新映射进来的影像自动实现连接、交叠、比较、选择和研判，从而形成一种像与象之间的循环关系，这种关系构成了像象联想；二是“象—象”循环关系，大脑中既有的同类别、同属性的两个或多个表象之间也会基于某种特定的欲望关系而自动跳出来形成连接关系、比较关系，或者不同类别或不同属性的表象之间基于某种特定欲望关系而发生连接、比较关系，从而构成象与象之间的循环关系，这种关系构成了象象联想。

我将在大脑中发生的这种像与象或象与象之间的循环关系，称之为第三循环回路。

4. 体现在大脑中枢神经内部的像义或象义循环系统

我们知道，只有在特定影像或特定表象被赋予了特定意义之后，才能产生特定的意识活动、心理活动或精神活动。

大脑中的表象是如何产生特定意义的呢？对此，我们必须界定，所有的意义都属于主观赋予的意义，离开了主观认识上的特别赋予，一切事物便无所谓意义。任何一种事物映射于大脑中，如果与自我欲望毫无关系，便不会产生具体的意义。

这就是说，只有当某一影像或表象与某一欲望具有某种特定联系的时候，这个影像或表象才能被赋予特定的意义。大脑内部任何一个影像或表象都对应于外在某一特定的客观事物目标，只有这个客观事物目标对于欲望匮欠或满足欲望活动是有利的或者有害的，那么，这个与之相对应的影像或表象便具有了相应的欲望意义。这就意味着，大脑中的欲望与大脑中的影像或表象之间建立联系的过程，即构成了像与义或象与义的循环关系。

我将在大脑中发生的这种像与义或象与义之间的循环关系，称之为第四循环回路。

象与义，一者为形象性内容，一者为抽象性内容。象指的是影像或表象，它们来自于人的外部感觉映射和事后大脑对它们的复现，属于外在事物的形象性表征，可视、可听、可嗅闻、可触摸；义指的是本质、意义、功能、作用，它们来自于人的内部感觉在内环境中产生的匮欠性信息，当这些不可视、不可触摸的信息传递到大脑之后便会激发欲望反应，属于内在事物的抽象性意义，不可视、不可听、不可嗅闻、不可触摸，而只能感受，只能体验，只能领会。这样，内在环境中的抽象性意义与外在环境中的形象性表征构成了一种内外呼应关系、遥感关系、欲望纠缠关系。所以，抽象的内在性与形象的外在性、抽象的本质性与形象的表征性、抽象思维与形象思维是由人的先天禀赋决定的，二者最终必然在欲望的遥感性呼应关系中实现对接、融合与统一。

鉴于影像或表象来自于五官感觉的声色味闻触等物性特征，人类有时会将这些影像或表象简化为具有特定意义指向的符号，如文字、箭头、图像、标示等等。这样，某些影像或表象便演绎成文字符号，并按照影像或表象意义赋予文字符号以对等的可替代的意义。人类所使用的文字就这样产生出来了。

借助大脑神经功能而对各种客观信息进行觉察、映射、注意、记忆、复现、加工、处理、提炼、抽象和觉悟的过程就是意识活动过程，经这一过程所获得的想法、思虑、情绪、意念、认识、体验等内容便是意识内容。

这就是说，人类的一切意识，都来自于经由人的神经所传导和储存的信息之中，其实也就是来自于大脑所形成的影像和表象之中。如果把客观世界比作你所处身和面临的眼下世界，那么，影像或表象就相当于你所能看到的生长在大地上的万般作物，欲望意义就相当于你从这些作物中获取的玉米、高粱、大豆等具体而有用的东西。这些玉米、高粱、大豆等果实，有的可以提炼成油料，有的可以酿制成酒精，有的可以加工成食品，也有的可以制作成其他有用的东西，这就是我们所说的比信息更高一层的抽象性意识活动了。

这说明意识的内容是从信息中加工提炼出来的，而外在客观信息就是客观事物的影像本身，主观信息则是从影像中通过表象性比较而剪裁和提炼出来的。从影像开始，汇流成信息，再提炼成意识，都离不开神经的映射、传导、储存、表象、加工、筛选、提纯、抽象等复杂的演绎过程。人的思维从这四个循环回路中实现了四级跳。当然，我们也可以把第三循环回路和第四循环回路合并在一起，这样，人类思维活动过程即是信息循环的三级跳过程。

大脑像象循环系统，指的是影像和表象在大脑中形成的信息流和意识流所行走和传导的特殊的神经通道或神经线路。这个系统迄今尚未得到科学验证，但却真实存在着。外界的事物投射给大脑中的影像储存在大脑中，随时可能切换成表象，并与其他一些事物影像或表象一起闪现或次第闪现，通过比较、粘连、叠加等方式演绎、催生或激活各种欲望、理念、观念、思想、意识等精神现象。

那么，这些影像或表象挟带着各种信息到底行走在哪条神经通道上呢？我们知道，任何信息都需要特定的神经系统给予映射、传导与储存，那么这个映射影像、传导影像、复现影像的神经，我们可以称之为载像神经或载象神经。

映射影像、传导影像、存储影像、承载表象、传导表象、解读表象并实现某种循环的神经线路，便是大脑像象循环系统。人类意识活动从载象神经所承载和传导的影像或表象中，最终总要提炼出完全抽象的意识，即从诸多表象中抽象出某种原理、定律、规则、逻辑、观念、理念、情感、意义、信仰、方法、原则、机理等等无形无体的内容，而这个抽象的过程，即是按照特定欲望意义所指引的方向获取的。

三、神经系统的意识循环关系

至此又有一个新问题涌现出来了：这些无形无体的抽象意识内容又将被哪一种神经所承载和所传导呢？我们由此推想：承载和传导意识的神经在人类大脑中是不是有专门的区域？或者有专门的神经细胞独立承担起了这样的职责？抑或是不同区域不同职能的神经细胞联合互动的结果？目前学界对此问题的研究似乎一直处在踟蹰不前的状态。

但在此值得一提的是，1996年意大利帕尔马大学所发现的被称作“大脑魔镜”的镜像神经元，或许会为人类意识活动寻找特定神经管道提供了全新的探究路径——这个问题一旦被攻克，那么，承载和司理人类意识活动的特定的神经性物质基础便被我们找到了。

一些科学家的研究表明，大脑皮层的布洛卡区是一个控制说话、动作和对语言的理解的区域。根据这项研究，我推测这个区也可能是司理人类意识活动的脑区之一，而镜像神经元可能同时也是承载和传导人类意识内容的神经元之一。除此，按照镜像神经元推想下去，还将有表象神经元（即载象神经元）、想象神经元、联想神经元、载意神经元、分析神经元或推理神经元等等，或许在不久的将来很快就会为人类所发现。

如果没有这样的神经区和神经元，那么人类意识便无踪无迹，无影无形，无安身之定所，无运行之路径。不言自明，世界上当然不会存在这样的东西。

2000 年以来，西谷信行和哈里通过他们的研究表明，布洛卡区是镜像神经系统的协调中心。当人们看到自己熟悉或能够领会的形象或动作时，镜像神经系统中的各部位会按照一定先后顺序被激活。这个顺序是：视觉皮层→上颞叶皮层→下顶叶→布洛卡区→初级活动皮层。

另一位研究者亚科博尼指出，在大脑皮层上，镜像神经系统与大脑的“边缘系统”是相连的。边缘系统是与产生情感及记忆紧密相关的区域。

科勒通过在恒河猴身上的实验，鉴别出了一类镜像神经元：这类神经元能处理抽象的信息，比如特定动作的意义，以及与这些动作相关的声音或描述动作的语言。

分别由真第卢奇和迈斯特领导的研究小组证实，镜像神经元系统是肢体语言和口头语言交流的共同基础，从而揭示了这一系统在语言从肢体动作到现代语言的进化中的作用。

研究人员还发现：当有人伸手去抓食物时，猴子脑中的一组神经元也活化了，就跟它们自己伸手去抓食物时一模一样。

其实不止于灵长类动物，据我观察发现，当人从地上捡起一块石头而迅即朝一只狗打过去之后，狗或被打中或受到惊吓，远远而逃。但人捡石头的形象和动作却深深地印在了在这只狗的头脑中，并形成镜像图式，此后一旦看到有人猫腰捡石头，这只狗就会撒腿而逃，再后来只要一见有人猫腰，狗就会不分青红皂白地撒腿而逃。

这种情况在巴浦洛夫那里被称之为条件反射，而在镜像神经元的研究中则表明与镜像神经元的特殊反应密切相关，亦即以前经历过的与自己利益攸关的形象和动作再次出现在眼前时，镜像神经元中存储的影像便会被激活，从而产生与当初所遭遇的情景直接相联系的意义甚至是完全一样的神经反应或意识活动。这种关联性或联想性神经反应或意识活动也是人类形成思维定势或所谓习惯思维的主要原因之一。

人类大脑有若干镜像神经系统来专门传输和了解别人的行动和意图，以及别人行为的社会意义和他们的情绪。“我们是非常社会化的动物，”帕尔马大学的神经学家加库脉 · 李乍那迪说，“我们的生存是建立在明白其他人的行动、动机和情绪之上的……镜像神经元不是通过概念推理，而是通过直接模仿来让我们领会别人的意思。通过感觉而非思想。”此发现触动了许多科学规则，改变了人们对文明、移情作用、哲学、语言、模仿、孤独症和心理疗法的理解。

美国加州大学研究镜像神经元的马科 · 艾可波尼说：“当你看到我完成一个动作，如踢球，你自己的大脑就会自动模仿此动作。当你模仿时，我们还不完全清楚大脑电路是如何约束你不动的。但你明白我的动作是因为你大脑中有一个基于你自己模式的动作模板。当你看到我挥手掷球时，你大脑会重复一下动作，以帮助你得知我的目标。因镜像神经元，你能看懂我的意图。你知道我下一步要做什么。如果你看到我哽住了，镜像神经元会模仿我的痛苦，你会自动同情我。你知道我的感受因为你能真正感知到我的感受。”

镜像神经元似乎分析了现场，看懂了意思。如果你看到有只手伸到了书架，尽管你看不到手指，你也会猜测他是否要拿书，因为你的镜像神经元告诉你如此。美国加州大学洛杉矶分校研究人类进化的心理学家帕特丽夏·格力弗说:“镜像神经元为文明的进步提供强大的生物学基础。”直到现在，学者们讨论文明基本不涉及生物学。她说：“但现在我们看来，镜像神经元直接吸收了文明，通过社会分享、模仿和观察，一代代传授下来。”

人们之所以能够理解那些自己无法做到的行为，比如毫无障碍地观看体育竞赛、极限运动，或者电影中的3D特效，是因为大脑能够把这些行为投射在镜像神经元上，镜像神经元收到信号后会被激活，从而帮助我们理解别人的行为。

镜像神经元也许是模仿他人动作以及学习能力的基础，从而使得镜像机制成为人与人之间进行多层面交流与联系的桥梁。与大脑中储存记忆的神经回路相似，镜像神经元似乎也为特定的行为“编写模板”。有了镜像神经元的这种特性，我们就可以不假思索地做出基本动作，在看到这些动作时，也能迅速理解，而不需要复杂的推理过程。

在猴子、人类的大脑中，都存在镜像神经元。不论是自己做出动作，还是看到别人做出同样的动作，镜像神经元都会被激活，也许这就是我们理解他人行为的基础。如果破坏整个镜像神经系统，就会造成巨大的影响：认知能力严重下降，以至于无法对刺激做出反应。

当我们看到别人的表情或者经历过的情感状态，镜像神经元就会被激活，让我们体验到他人的感受，走进别人的情感世界。在通过镜像神经元理解他人感情的过程中，观察者直接体验了这种感受，因为镜像机制使观察者产生了同样的情绪状态。当人经历某种情绪，或者看到别人表现出这种情绪时，他们脑中的镜像神经元都会活跃起来。换句话说，观察者与被观察者经历了同样的神经生理反应，从而启动了一种直接的体验式理解方式。

这也能够解释为什么人们看到其他人打哈欠时，自己也会被感染；而当别人大笑时，自己也会不由自主发出笑声；听见别人鼓掌时，自己也会下意识地鼓掌。还有一些研究人员认为，患有自闭症的人，很可能就是因为他们的镜像神经元受到了损害。

美国南加州大学神经学家迈克尔·阿尔比指出，人类的语言就是建立在镜像神经元的基础上的。阿尔比认为，复杂的手势以及人类在说话时舌头和嘴唇的运动，都是基于同样的原理。

在生活中，看到别人在干什么，就好像自己也在干同样的事情一样：看到别人在吃东西，自己的口水就来了；看到别人打球，你就浑身是劲……为何会有这种潜移默化的作用？科学家发现，原来都是一种叫作镜像神经元的细胞在起作用。

人类的很多行为其实并非是意识支配的，认知神经科学家认为，人们仅在5%左右的认知活动中是有意识的，因此我们大多数的决定、行动、情绪和行为都取决于超出意识之外的那95%的大脑活动。从心跳、推购物车到决定不伤害一窝小猫，只要未遇到对立性障碍，我们就可以不必依靠任何特定的意识活动就能很好地完成这一系列动作。

一方面我们的大脑魔镜——镜像神经元会教给我们通过不断模仿而完成动作，一方面我们还可以靠一种名叫“适应性无意识”的东西指导我们完成一系列工作，它是大脑认识这个我们的精神和肉体都必须与之交流的世界的方式。

适应性无意识让我们能驾车转过一个街角，而无需用复杂的计算来找出精确的转弯角度、汽车速度和驾驶半径。它还令我们能理解有歧义的句子的正确意思。

镜像神经元的发现证明人类和其他动物的模仿能力是一种天性，而人类的学习其实也是模仿的变体，由此证明人类某些学习能力也是天生的，比如效仿能力、模拟能力、被提示和被提醒后的翻悟能力。

镜像神经元让我们具有了不学而能的模仿能力，却也使得我们同时发现自己竟也是天生一副贱骨头：照本宣科的模式化思维方式、轻而易举地相信别人，心甘情愿地上当受骗等等。

镜像神经元的特点是：自己做过的便是真的，自己受过的便是真的，自己看过的便是真的，自己经历过的便是真的，自己看到别人做的便是真的。对于眼中所见、耳中所闻、鼻中所嗅、口中所尝、肌肤所触的一切形象、姿色、声音、味道、触感等事物，在最初进入神经系统的一刹那，都会以“真”的面目在镜像神经元中呈现。对于这些镜像及其背后是否有假有诈，则不会经由这一神经元本身所能鉴定，就像自己不能做自己的鉴定官一样，自己不能同时既是行为人又是观察者，而需要靠另外一种理性神经元来鉴定和把关。

所以，社会上的骗子们就是利用人们这种天生容易轻信的本性，来骗取信任，诱人上当。只有遇到了相反的事例，使自己撞了南墙，得到了同样具有镜像效应的反面教训，才能开始用双重眼光来观察外界事物了。这也是我们一再地叮嘱别人，特别是自己的孩子、学生等，在其人生之路上不要被这种石头或者那种石头所绊倒。但因为这些绊脚石没有在孩子头脑中镜像神经元中形成经历性或动作性镜像，没有产生镜像效应，所以，这样的唠叨一般是没有实际用途的，只有自己摔倒了，才能产生镜像效应并引为殷鉴。

我们还可以从意识障碍患者、智障患者的神经区域中寻找意识的神经性基础。从一些神经受损患者出现反应迟钝、神志不清、记忆丧失、意识模糊或丧失知觉或完全无反应等诸多脑损伤症状方面，可以证明人类意识活动与神经区域必然存在着一定的对应性关系。

四、神经系统的蝶式循环关系

神经系统的信息循环关系为人类意识活动建立了周而复始的循环通道。对这个通道的研究在本书系中虽然仅仅迈出了一小步，但对整个人类来说，却是迈出了一大步。

我们将以上所阐述的神经系统的若干循环关系用图 1−13 来表示，可以发现这些循环路线构成了一种蝶式循环关系。

图 1−13 是神经蝶式循环系统示意图。这个蝶式图中，全部阴影部分象征着人的整个躯体，即 ABy_2CDy_1 所包围的阴影部分代表的是人体内部全部神经网络系统。由于人体内部的神经网络是由神经细胞组成的神经纤维连接在一起的，所以，我称为有线神经系统。而对于人通过眼耳鼻等外部感觉器官与非自我性的外在客观目标隔空建立的神经感应性联系及其由此所建立起来的网络系统，我称之为无线神经系统。前者可以将人体内部信息进行有线传播，后者可以将内外信息进行无线传播。

在整个神经网络中，我们可以按照神经结构功能的不同，将神经系统

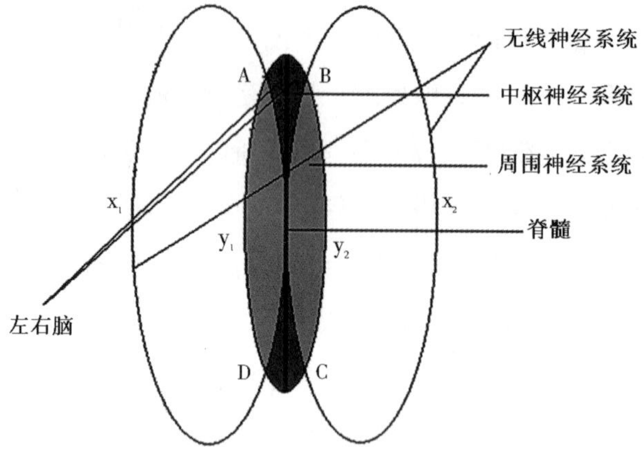

图 1-13 神经蝶式循环系统示意图

划分为三个基本层次：一是骨性结构包裹着的中枢神经——脑和脊髓，在图 1-13 中我们用深色阴影部分表示；二是周围神经系统，在图 1-13 中相当于蝶的整个躯体的阴影部分，亦即非骨性结构的深色阴影部分与浅色阴影部分之和；三是自主神经系统，在图 1-13 中与周围神经系统重叠，亦即自主神经管辖的人体空间环境与周围神经分布的空间有一部分环境存在交叠，但二者的功能却存在着明显的不同。由人体内部神经网络所构成的有线循环关系属于第一循环回路。

这三个神经层次都分布在人体内部，并对内部环境中产生的各类信息进行有线循环式传导。

蝶式躯体外侧的翅膀伸展开来，代表神经对外联络系统。我们当然也可以将图 1-13 中蝶的翅膀部分，设想为自我视界内或智能阈内构成的欲望场所能辐射到的外部空间，这部分空间没有任何神经细胞存在，在整个欲望场内，人体内部有线连接的神经网络与外在目标之间，已经不具有质结构的直接联系，而是依靠眼耳鼻等感官功能而隔空与之建立辐射性、遥感性、呼应性的能结构联系。这种联系是无线联系，其所构成的信息循环回路属于第二循环回路。

图 1-13 中非阴影部分，即 Ax_1Dy_1 和 Bx_2Cy_2，相当于两扇蝶翅，

代表外部感觉神经与外部客观世界之间所建立的感应性联系范围（即欲望场域），不管是将体内信息传导到体外去，还是将体外信息传导到体内，都需要外部感觉神经与外部世界之间建立隔空遥感性对接，并通过这种隔空遥感性对接构成与人体内部神经之间的无线传导关系，即“内—外—内”或“外—内—外”的无线循环传导关系。所以，第二循环回路是一种无线传导关系。

这种无线传导关系，体现在内部舒适或不舒适的信息可以经由表情、声音、动作等传导出来，外部光色声味等影像信息，可以经由人体眼耳鼻舌身等感官隔空捕捉到人体神经系统中来，并经由传导神经而发送到人体之内进入大脑中枢神经，从而构成人体内部环境与人体外部环境的信息互通、交换和循环。其间与外在目标之间没有任何神经细胞或神经纤维的实质性连接，即可实现信息传导，所以被称之为无线传导。这与现实物理世界中所存在的有线电讯传导和无线电讯传导存在着惊人的相似。

图 1–13 中蝶的下部深色阴影部分与上部深色阴影部分相比，虽然都位居中枢神经的地位，但其功能已然大大萎缩和退化，更与大脑中枢神经的作用不可同日而语了。

当然，这里借用蝶式结构来阐述神经系统内外循环关系，仅仅是一种类比，目的是借助这种形象性结构促发人们产生各种各样更接近于真理和规律的联想或想象。

五、神经系统的从级循环关系

鉴于人类神经系统循环路线的极端复杂性，我认为整个神经系统的循环回路并不能与上文所描述的简单的碟式结构直接划等号。

图 1–14 是人体神经循环系统简明示意图。人体中枢神经都隐藏在骨性结构中被保护起来了，这仿佛是上帝赋予中枢神经的一种特权。这个作为特权阶层的中枢神经分为上下两个部分，上一部分为大脑中枢神

经，下一部分为脊髓中枢神经。

根据生物电原理，我们把神经所具有的电现象，称为神经电。神经电遵循电学原理或电磁学原理，神经纤维与各器官之间连接成一种电路循环关系，或并联或串联，都必构成一个个神经回路。

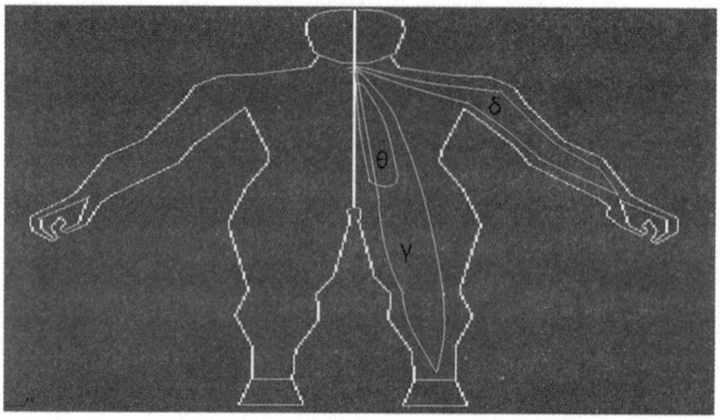

图 1-14 人体神经循环系统简明示意图

根据现代解剖学、脑科学和神经科学的发现，大脑神经各区或各部分，分别负责人体各器官的运动功能。这说明，针对头部每一个器官如眼耳鼻舌等，自脑部相应脑区与该器官必构成一个神经电纤维传导性回路；自颈部以下的脊神经，主要负责颈部以下人体各器官及其功能，自上而下共有 31 节脊神经，每一节脊神经都会伸出一对主神经纤维管线，如同电路主管线一样，有输出线和输入线。每一对神经主管线分别连接一个主器官，其他与主器官直接相连的器官附件也会由自主神经纤维管线连接出许多支线。这些支线与该器官附件相连，形成更小的神经循环回路，一层一层，一级一级，构成多层次循环关系。

就像一棵树，自主干伸出若干枝，自枝伸出若干丫，自丫伸出若干杈，自杈再伸出若干丛。这样，神经循环回路就形成了干级、枝级、丫级、杈级、丛级等多层级循环回路。这一点，完全符合我在本书系中提出的宇宙层次论这一基本理论模型。

同时我们还可以发现，最终端的丛级回路一般呈现为并联关系，就像并联着很多微型电器一样。我把这种针对于某一器官或部位，由神经纤维连接而成的不同层级的神经电回路，称之为神经小循环系统。

与脑部主神经纤维管线相连接的小循环系统有：视神经小循环系统、听神经小循环系统、嗅神经小循环系统、味神经小循环系统、面神经小循环系统等等。

自颈部以下，在 31 个脊神经节中，每一个神经节都会伸出两条主神经纤维管线，与颈部以下各主要器官相连，并构成多个干级神经纤维循环回路，自郃以下则形成枝级、丫级、杈级、丛级等多层级循环回路。

如颈神经 5–8 节及第一胸神经前支，分别与人体左右上臂构成左臂干级主神经纤维小循环系统（如 δ 神经小循环系统）和右臂神经小循环系统，主要支配上臂的运动及其协调，同时与上臂其他辅助机体构成枝级、丫级、杈级、丛级等多层级循环回路，从而形成神经电传导网络。臂部的神经丛被称为臂丛。内脏某器官的神经小循环系统（如 θ 神经小循环系统）和负责左右下肢的左股神经小循环系统（如 γ 神经小循环系统）和右股神经小循环系统，等等，都体现了一种电导循环关系。

与脊神经相连的进出神经纤维管线，我们称之为器官主线，但每一个器官都有很多器官附件，这些器官附件都有从器官主线分支出来的支线与之相连，并构成更小的神经小循环系统，从而形成像树枝一样，一级一级分化出来的神经丛。我们把与器官主线相连的并进出器官附件的神经纤维，称之为附件枝线。自附件枝线以下，则还有附件丫线、附件杈线、附件丛线等等。

这种叠床架屋的层级关系，正表明了人类神经循环系统所具有的极端复杂关系，而且，越是高级智能性动物，其神经网络的层次越多，其层次关系越复杂。

图 1–15 是脊神经循环线路及层级关系示意图。人体内部器官诸如胃、脉、骨骼肌、肌梭、皮肤等器官的运动在自主神经管辖范围内，同时也在内部感觉神经辐射范围内，并且也都与脊髓中枢神经相连。脊髓中枢通过脊神经将内部感觉神经传导而来的有关内脏器官或其他器官的生理

信息汇总后，传入大脑中枢神经，经大脑加工之后，向外部感觉神经传导，传导到肌梭、传导到表皮。而且，内脏及躯体都有传出与传入神经纤维而使整个人体内部生理信息的传导构成循环关系。

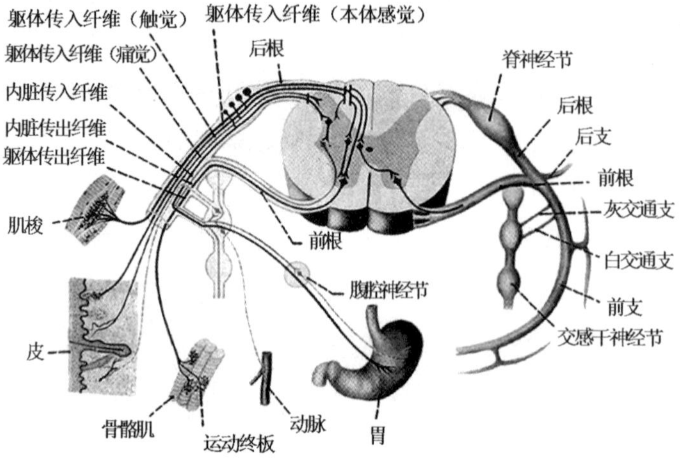

图 1-15 脊神经循环线路及层级关系图

在此我们进一步总结一下：内部感觉神经与中枢神经之间构成内部信息的循环，称为内部循环关系，包括痛感、胀感、眩晕等内部感觉都是通过内部感觉神经传导给大脑，并由大脑对这些痛感、胀感、眩晕等内部感觉进行回复性体验，从而构成一种信息循环关系；大脑主司内外循环的协调与配合，用以实现整个人体与外部环境的完美互应、互动、补充、循环与融合，大脑形成特定意志导向性信息之后，通过外部感觉实现与外在客观对象性信息的对接与交换，联通与互动，从而构成内部信息与外部信息之间的内外循环关系。

内部循环是由内部感觉神经、自主神经、传导神经和中枢神经构成的信息循环系统；内外循环是由外部感觉神经、外在相关事物、传导神经和中枢神经构成的信息循环系统；像象循环是由大脑内部影像接收器、记忆存储器、表象分析器等构成的信息循环系统，像象循环是意识形成的基础；象象循环是大脑同一脑区或不同脑区所存储的声色气味、温软黏滑等各种表象之间的纠缠性信息循环系统；象义循环是大脑记忆存储器中来自于外部感觉的表象性信息与来自于内部感觉的正负舒适体验性信息之间构成的象义信息循环系统。

正负舒适体验性信息属于生理内环境中的欲望性信息，不具备形象性表征，却具有抽象性意义，其与来自于外在环境中的形象性信息最终必然构成彼此呼应、对接、交叠、纠缠和振荡性循环关系。

生命活动的最大征象在于人体内部环境与人体外部环境所构成的周而往复、生生不息的能量信息循环与交换关系，而且为了保证这种循环与交换，一切生命体均被赋予了新陈代谢的通道、吐故纳新的法则以及欲望反应或意识反应的激发条件。

须知宇宙万物之事，不交换则无以吐故纳新，不循环则无以实现永续运动。

只要你粗略捋顺一下，就会发现人体内外，到处都存在着循环与交换关系。比如，大家都知道人体血液循环系统，血液通过心脏和血管而在人体内部周而往复地流淌，构成内部循环关系；在呼吸系统中，空气通过鼻腔、气管和肺叶而构成内—外循环关系；在消化系统中，食物或水从人体之外，经口腔吃进，经胃肠消化，再经肛门排出体外，构成内外循环关系；在信息系统中，内部感觉将体内信息传给大脑，再由大脑形成意志导向性信息发布给外部感觉，外部感觉通过眼耳鼻舌身与外在客观对象性信息实现对接，并将外在客观对象性信息传回给大脑，构成内—外—内的循环关系；或者反过来通过眼耳鼻舌身等外部感觉捕捉和采集外部客观事物信息，而后传入给大脑，再由大脑根据人体内部匮欠状况而驱策人体效应器或肢体通过语言、表情或行动而施加并作用于外在客观对象上，构成外—内—外的循环关系。

所有循环关系都具有吐故纳新的交换作用和平衡作用。

我们知道，一切生命个体所承载的信息都运行在神经及其感应的轨道上，信息的循环恰好体现了神经系统的循环性特征。如果把信息比作一列动车，那么神经便是这列动车赖以运行的轨道，而且这个轨道不像射线那样一往直前，而是像圆环那样周而往复。其中内部感觉是通过神经质结构进行有线传输，外部感觉是通过感官能结构进行无线传输。

有鉴于此，我们可以得出这样一个结论：人的神经系统也是一个特殊的循环系统。神经具有五大基本功能，一是具有采集信息或接受信息并做出反应的功能，二是具有传导信息的功能，三是具有存储信息的功能，四是具有对信息进行表象、联通并加工成特定欲望意义的功能，五是具有将意义性信息通过外部感官、表情、肢体、动作等方式输出给体外对象性他者的功能。

人的神经系统为什么同时也是循环系统呢？下面我们就围绕这个问题做进一步分析。

人的神经系统是上帝制造的一部电磁传感装置，内中装有发电机，有信息采集装置、信息存储装置、信息加工装置、信息传导装置。人们生活在世界上，表面上看好像天天都在忙忙碌碌，其实每个人所忙之事都超不过五件：一是采集信息，二是传导信息，三是存储信息，四是加工信息，五是交换信息。

当我们身体出现欠缺时，我们必须把这个信息传导出去，就像我们在落难时需要向外界求救一样。同时，人们为了实现自己的欲望，都不得不注意搜集和获取外界信息，以便了解环境、知悉变化、选择目标和调整行为。最后，不管是输出信息还是输入信息，都是为了使内外信息实现有效交换，包括吐故纳新的物质信息交换，如食物、空气等能量性信息交换，也包括替旧更新的精神信息交换，如通过交流辩论而实现的思想观念的转换，而完成这一大任的信使就是传导神经。

在这里，我将传导神经分为单向射线式传导与双向环线式传导两种类型。单向射线式传导指的是一个信息经由一个发射点发出，而朝着一个特定方向沿着一个特定轨道一去不返地传导，可以像射箭一样一次性传导下去，也可以像长城上烽火台的狼烟一样接力性传导下去，这种单程单线单向的传导，其结果或有去无回，或有来无往。而双向环线式传导指的是一个信息或者从内向外传出，或者从外向内输入，总是双向的，互动的，有来有往、互通有无。就像一个人面对一堵墙练习投球一样，把球投向墙体，然后球又被墙体弹回来，或者是两个人对投，信息之球出去回来，回来出去，周而往复，构成了一种双向环线式循环形式。

六、神经电与信息流

人体是一个集电、光、气、热、磁、波、场、能、神、意于一身的特殊生命体。如果把人体无限放大，就会形成一个可视性大尺度宇宙空间。每一个细胞都相当于一个星体，不同区域的细胞群都是一个星座或星系，其中每一个星座或星系中也都有类似于行星、恒星、流星、宇宙尘埃等不同结构、不同运动形式的细胞或流质。生物体质结构与能结构总是处于对立统一的矛盾运动之中，是可以相互转化的。

人体内部存在着很多带电的细胞，这些带电的细胞在结构上基本相同，都由细胞膜、细胞质和细胞核构成。但它们在功能上却都各有分工，在形态上各有特点。例如，上皮组织细胞的功能主要起保护作用，它们长的模样大多呈扁平膜状、排列细密，覆盖于体表和体内各种器官、管道、囊、腔的表面；分生细胞的结构特点就是细胞核偏大；而神经细胞（神经元）的特点则更具有一些独到之处，主要是细胞突起多而长，包括轴突和树突，其形态特点明显不同于一般细胞。这就使得神经细胞在发电能力、储电能力、导电能力、用电能力等方面要优越、高级和发达得多。

在人体内部，细胞与细胞之间以各种形式不断地进行能量与信息的交换，其中由电细胞构成的生物电磁场便是这种能量与信息的交换载体或介质。

而且绝大多数细胞都如同一台台微型发电机，其中也有一些神经细胞以其特殊的结构形式而构成一盏盏微型发光器。这就使人体内部小宇宙变成了一个集电、磁、光、场、热、能等多种功能性物质构成的特殊物理世界。大脑内发达的神经电细胞构成了复杂而神奇的神经电网络系统，这个系统中的细胞不但具备发电、储电、供电、导电、供热、发光等多种功能，同时也在人体宇宙特别是大脑空间形成一个集电、光、热、力、能等于一体的奇妙的微型电磁场、光磁场、热磁场、热力场、引力场、弱力场等各种场能的叠加与聚合。

一般读者对电磁场的概念大都比较熟悉，但对光磁场和热磁场的概念似乎还比较模糊。任何场都是在两种相对相异的物质之间形成的一种能量或信息的释放与接收的双向互动平台。在这一概念的界定之下，在发光体与非发光体之间，在强光体与弱光体之间，都会产生一者释放光子，另一者接收光子的线性互动，这就形成了一种类似于电磁场中磁力线互动的光磁场；同样的，温度不同的两个物体之间有热分子或量子的释放与接收，质量不同的两个物体之间有引力或弱力不同的力子的释放与接收，这就形成了热磁场、热力场、引力场、弱力场等各种虽然不可视却真实存在的场式物理模型。

人体是一个集多种场能的小宇宙，而大脑则是一个特殊的信息场能聚散地。人体场能物质与外界光电热磁力能等构成的场能物质，在互差阈值范围内以拮抗性互补形式实现交换，并达到主体对于客体的趋利性平衡。互差阈值指的是两种物质或多种物质在电热磁场能等方面的差异程度的界限。比如人体常温为37摄氏度，当进入零下48摄氏度的空间时，与这个空间空气的温度构成48−37=11摄氏度的互差，当互差温度达到某一数值，其中一个物体便会发生本质上的改变，比如人被冻死，或者在高温某一互差阈值时被火化掉，这个值便是互差阈值。人体内部的生物场能不但自身组合各异，功能健全，而且也深受地球电场、磁场、光场、热场、波场、引力场、弱力场等的影响，并进行着不同程度的能量与信息的物质交换。

在人体内部，心脏类似于人体发动机，血液的不尽流淌不但解决了能量的供给与分布，而且还具有类似于水力发电的功能，以及对相关肌体、器官、组织或脑区神经细胞活性的激发功能。这就使得人体内部血质、血型、血液流动速度等因素在一定程度上奇妙地影响着人的性格、气质、脾气、情绪、神经敏感度等性情表现，并在冥冥中决定了人的智商、情商、逆商以及语言表达或行为表现等基本人格特征。人体肺部也是如此，除了交换空气中的氧气和二氧化碳，同时也起到发电机的作用。

这使得人体中每一个电细胞的电能储备十足，并有效地发挥着各自的作用。这一点，可能还未引起科学界足够的关注和深入的研究。人的心脏、肺部一旦停止工作，人体便会停电。神经电消失，信息和能量不再流动和循环，意识也随之消失。所以，人死亡的过程就是一个断电、停电的过程。中国人有句古话，叫作“人死如灯灭”，这虽是一句俗语，却不幸而言中了生命的要害。

神经电细胞通过一定方式的排列组合、在不同的区域分别构成了并联或串联的导电回路，其中一些细胞或腺体同时充当了一个个微型发光体，从而使人类内视成为可能。内视是在内环神经和外环神经互动交换信息后，由象环神经借助电磁感应载纳并处理以表象形式作为介质的信息的感知过程，我们睁开眼睛反而看不见这些表象，而在闭上眼睛的时候，这些表象却能活生生地呈现出来，有如历历在目一般，这就是内视。内视同外视一样，也需要借助某种形式的光照才能产生视觉效果，体外的光可以让人用眼睛看见影像，大脑中电细胞发出的光，可以让人用内视的神经之眼看见表象，这种奇妙的现象，如果抛开了大脑殿堂内的光电的因素，是不可能实现的。

不同的人体，包括不同的血质、血型、流速以及不同的肌体质结构和能结构都具有一定的个体差异性，这就必然造成不同个体的体能、智力、性格和情绪等呈现出不同的波动水平和振荡状态。

人体内部存在着大量的发光细胞，内含典型的发光颗粒、线粒体、内质网及大量糖原，其发光层通过发光细胞胞质内的生化反应而发光。我们知道，所有的光现象也都是电现象的反应，正如恩格斯所说：“地球上几乎没有一种变化发生而不同时显示出电的现象。”发生于人体内部的所有反应都是电反应。既然如此，人体内部也必然存在着电磁波反应。

姜堪政博士在研究人体衰老的过程中，创立了能够解释古勒维奇实验成果的理论。而且在长期的实践过程中形成了他自己的生物信息场导理论，即所谓生物电磁波场导假说：“有机体在生命活动的新陈代谢过程中，在其分子之间必须有作为能量与信息传递的统一的物质载体——生物电磁波的交换，即量子的交换，其中会有一部分生物电磁波向体外发射，它载有生物和遗传信息，作用到另外有机体，可以影响其他生命活动，或者对其生命活动起着控制作用。”能量是生物体维持生命活动的动力和源泉，而信息则是生物体对能量进出平衡关系做出意志性选择的基础和依据。

人体内外环境的能量转换首先表现为能量平衡关系发生错动状态时的信息交换，能量交换过程是物质在不同的电光热磁波场等条件下释放或吸收不同的物质颗粒的交换过程，可以是分子形式交换，也可以是量子形式交换，或者是影像形式的交换，或者是其他形式的交换，其中自然也包括电交换、光交换、热交换、波交换、磁交换、场交换、能交换等等各种各样的信息交换形式和能量转化形式。而且这些交换或转化形式总是通过拮抗作用实现物质自身与外界环境的平衡关系，而不同物质颗粒在交换过程中也自然会获得不同形式和不同程度的平衡，这就是一物影响另一物，物物相感的原因，也是我在本书系中提出的万有感应理论得以成立的基础。

人体内部环境中的信息流借助于有线传输方式，而人体内部环境与外部环境之间的信息流则借助于无线传输方式。人的意识就是由这两种传输方式所汇聚的信息在大脑电磁场内部发生黏连与碰撞的产物，脑电细胞即是信息的载体，场力作用促成了信息的流动，神经细胞、光、电、场、信息是意识活动得以产生的五大要素。我们人类自我之所以对于意识感到迷离而抽象，是因为人类自我感知现象本身就是这个迷离而抽象的光、电、场、力与信息所构成的一种特殊的流体。

由神经电所构成的辐射场在非平直空间形成的局部场平行系统闭合，比如光电效应的光生电，就是局部光的辐射在电子或原子核附近的非平直空间感应场形成场感应而将能量转变为静质量，比如大脑中的影像就是在这一场域中产生的光电效应。

神经电是生物电的一种形式。生物电处于静息电位状态，神经细胞也会处于静息休整的极化状态。在这种状态下，不会产生明显的神经反应。一旦发生刺激现象，生物体根据刺激程度和个体注意程度可以产生或不产生应激反应，当注意力弥散、且刺激程度局限于一定阈值范围内而缓慢进行时，生物体自身所具有的适应能力可以无视刺激的存在，因而一般不会做出应激反应；当刺激的变化速率加大，而超出一定适应性的程度阈值范围，或某一浅层刺激引起了注意力阈值的提高，那么生物体便会产生应激反应，在应激过程中，细胞电位便发生变化，电位变化直接产生神经反应。

而生物体被刺激的情况来自于三个方面，而且只能来自于三个方面。

一是来自体内环境的刺激，比如体内能量过剩或消耗、机体亢奋或损耗等导致内部生理环境循环发生故障性刺激或排解性刺激。

二是来自体外环境的刺激。如温度变化刺激、机械触击刺激、影音变幻刺激、气味浓淡刺激等等。

三是来自记忆环境中偶然出现的某个表象的刺激，如突然想起一个人、一个物、一件事而引起的刺激反应。

以上三个方面刺激都会引起生物电位差增大，使电位差从静息状态而上升为动作电位。

表象是电现象在大脑镜像神经元构成的场域中的必然表现，大脑内部电现象比人类已经认识到和使用到的电现象还要多得多，我们闭上眼睛已然可以感受到大脑中影像的亮度或表象的亮度，都是电细胞所具有的光电转化效应所致。电细胞照亮神经空间或意识空间，神经电的传导构成了人体内部信息的循环，脑细胞电的传导促成了联想、想象或思维的象象感应或像象感应。所以，将神经科学、脑科学与物理学结合起来看，我们有理由得出这样的结论：神经反应是一种电磁现象，意识活动也是一种电磁现象。我将这一现象称之为电磁感应与意识活动原理。

根据这一原理，我们可以研究制造一种物理性干扰仪器，人类藉此改变大脑内部的电传导方式、特点、路径，包括电细胞的传导频率、曲度、照明特点、镜像神经元的成像特点，等等，从而改变思维状态、意识状态及其活动方式，比如针对记忆细胞空间强化电细胞照明效果，增强影像或表象的清晰度，进而实现增强记忆的目的，借助电磁干扰而改变学习能力。比如制造学习机套在大脑上，用电磁原理改变大脑各区域即相关神经细胞的电位差，提高智能接受水平和意识活动水平等等……这当然是我凭借欲望动力心理学原理而提出的大脑功能改造计划。

既然神经系统特别是大脑内部存在电现象，相应地，就一定会存在光现象、磁现象、热现象等各种物理现象的发生，学习能力更多地体现为接受影像的能力，存储影像的能力，表象的能力，加工处理表象的联想能力、想象能力，借助表象进行抽象、分析、推理等思维能力，电细胞特别是神经电细胞的信息承载能力、传导能力（包括传导速度）以及其他意识能力都体现在具体的神经电细胞及其组合关系和连接关系上，甚至体现在人体电细胞的分布特点上。

有鉴于此，科学工作者可以利用已经掌握的电磁学原理和各个脑区特点、各类神经位置及功能，不但可以人为地设置电干扰、磁干扰、热干扰等各种干扰装置，来实现改变人体特别是大脑电位差，改变电传导方式，改变神经电细胞的传导能力、存储能力和表象能力，改变神经反应状态和应激水平。而且我们甚至还可以对失忆的人、植物人或其他脑损伤患者，利用外置的电磁干扰仪来激活记忆，激活意识功能，从而以物理性干预手段恢复其正常的智力活动和意识功能。

第二章　人类意识活动过程解析
——意识能量的结构性转换原理

我们知道，根据人体八大欲望系统（见欲望动力心理学书系《欲望与精神心理学》）所具有的特定循环关系来分析，凡违反自我内外循环原理和自我内部循环原理，都会导致自我内部环境发生匮欠。

自我内部生理环境一旦发生匮欠，便会促使神经智能产生被动性和受动性反应，产生负舒适感，进而产生“不要”的负欲望性冲动。这时，主体自我在负欲望力的驱动下必然会进一步产生对外部环境中相应填充物目标的寻求和索取，直至将负欲望导向正欲望。只有借助外部环境中相应填充物目标实现对匮欠的补充或对内部环境的剩余残渣进行清理和释放，才能变负欲望为正欲望，变负舒适感为正舒适感。

人的本质是特定的生物性能量转化形式在特定时空维度、温度维度、场域维度等所界定的阈限内，通过纠缠与振荡的方式造成的耦合结果，以及在这种耦合结果不平衡状态下产生的欲望反应。事关人类自我的一切变化，包括机体变化、生命变化、生理变化、欲望变化、心理变化和精神变化等等，全部源自于能量转化过程中的消长变化。

能量具有先天运动的属性，能量变化是造成自我变化的根源。马克思曾经说过：“人的本质不是单个人所固有的抽象物，在其现实性上，它是一切社会关系的总和。”[1] 其实，马克思的总和论似乎还没有把人与

1　《马克思恩格斯选集》第 2 版第 1 卷第 60 页。

其内部感觉和内觉性欲望的关系、与自然界万事万物的关系，全部包含进去。这里，我将马克思的总和论与我的能量说结合起来并进一步延伸，或许可以得出这样的结论，即人的本质是其自我内部感觉所经受过的一切体验，与自我外部感觉所映射过的万般物、所见过的万般人、所读过的万般书、所做过的万般事、所造过的万般业、所应验过的万般果、所激发过的万般情以及大脑所产生过的万般想法的总和。

你究竟是一个什么样的人，就是由这一切塑造出来的。其中每一种元素都含有一种隐性的能量性作用。所以，我认为，要想改变自我，就必须首先改变能条件、能配置和能结构关系。但因为我们肉眼看不到能量，只能看到饱含着能量的物质形式、事件形式。我们只能试图通过改变物质形式、物质条件、物质配置、物质结构以及事件方向、事件程序、事件过程和事件结果而改变能量流变形式和能量消长关系，从而实现改变自我的目的。

那么，事关个体自我结构的能量都有哪些呢?

按照我在欲望动力心理学书系《欲望与人格心理学》一书中的阐述，共有十种能量形式支撑着个体自我的人格结构，分别为：形下器能、外应物能、生理机能、神经智能、鉴知官能、心理势能、行为动能、自我意能、外应神能，语言联能。而且这些能形态是可以实现相互转化的。比如形下器能可以转化为生理机能（生命本能），生理机能可以转化为神经智能，神经智能可以转化为鉴知官能，鉴知官能可以转化为外应物能（目标性能），外应物能可以通过神经智能而进一步转化为自我意能、语言联能、心理势能、行为动能、外应神能。

正是由于这些能所具有的特定存在形式，可以构成三个体式、三个世界，即主体、客体和介体，或者主观世界、客观世界和中观世界。其中形下器能、生理机能、外应物能属于客体之能，我称之为客体激能。客体激能在自我之外构成了与自我有关或具有激励意义的客观世界。神经智能、鉴知官能属于介体之能，我这里统统称之为神经智能，也称介体智能。其他包括自我意能、语言联能、心理势能、行为动能、外应神能这五种能形式，都属于主体之能，我在这里统统称之为主体意能，也称自我意能。主体意能属于主观世界范畴。主体意能在正式形成之前经历了一个受欲望驱动的过程，对这个过程中所展现的自我能量形式，我称之为主体欲能，也称自我欲能。

主体欲能是其他能形式向主体意能转化的前奏曲，表明人类一切意识活动都是经由欲望驱动的结果，都是在安上了欲望的车轮之后有方向和有动力的运行。

下面我们看看人类个体自我所具有的各种能形态是怎样发生转化的。

一、匮欠性激能变智能事件

由生理匮欠性刺激（其所具有的能量可称之为匮欠性客体激能，简称匮欠性激能），导出了神经反应性的内部感觉（介体智能），我认为，这是第一次发生在人身上的“由客体激能变介体智能”的重大事件，简称匮欠性激能变智能事件。这也是发生在人体生理系统中第一层次的反应，简称智能反应。在图 2–1 中表现为 X 转化为 L_1。

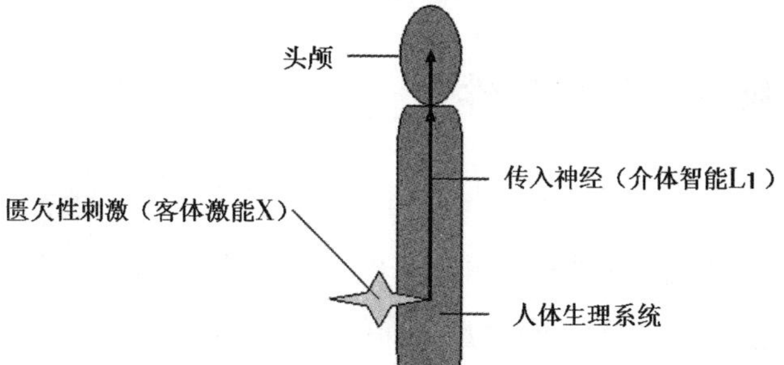

图 2–1　人体生理系统能的转化过程示意图（一）

图 2–1 中深灰色部分象征着人体生理系统，其所表现的能量，属于生理机能；浅灰色部分四角星象征着足以引起负舒适感的客观匮欠性刺

激，其所显示的能量，被称为客体激能，可以用字母 X 表示；黑色直线象征着人体内部传入神经，箭头表明传导方向是由外而内和由下而上进行传导的，其所表现的能量，被称为介体智能，可以用 L_1 表示。这是人体遭受客体激能的刺激之后而立刻转化为介体智能的过程。图 2–1 可显示第一次发生在人身上的由外而内的“激能变智能事件”。

介体智能对于匮欠事件的神经性感觉反应，表达出两重意义：

第一重意义是人体神经系统感受器所特有的意义，是对匮欠性事件之信息（客体激能）的觉察，这种觉察首先以不适感的形式发生，此时受到刺激的是局部神经，表明局部神经是刺激性事件发生的被动性受体。

第二重意义是人体神经系统传感器所特有的意义，是将感受到的匮欠性事件之信息（客体激能）传导给大脑中枢，传导给代表自我的真正主人。这种传导是自外而内、自下而上的传导，传导的信号内容主要是不适感及其不适感程度、发生的部位或原因等。此时接收传导信号的主体是大脑中枢，至于大脑中枢将会怎样应对，怎样平复这个不适感，则已不再是介体智能的职责范围之内的事情了。介体智能作为大脑中枢的下线只能听令景从，不能越俎代庖，擅作主张，即介体智能没有为事件做出主张或做出决策的权力。

二、智能变欲能事件

那么，主体大脑将怎样应对和处置这个不适感呢？代表主体自我的大脑中枢在接收到介体智能传递进来的不适感的一刹那，首先产生了“是”的认知性反应，是对匮欠的觉察和确信，肯定了匮欠所造成的不适感的发生和存在，确认了 X 的真实性。紧接着，几乎在同一瞬间便为反抗“是”（X）而产生了“否”的欲望性反应，是对匮欠性刺激（客体激能 X）产生的负舒适感的不认同、不肯接受的意志倾向，是代表自我的大脑中枢针对匮欠性刺激（客体激能 X）的局部神经感觉反应产生的“不要”

的应答反应，即“反应的反应”，这是一种负欲望反应。在图 2–2 中表现为 L_1 转化为 A_1。

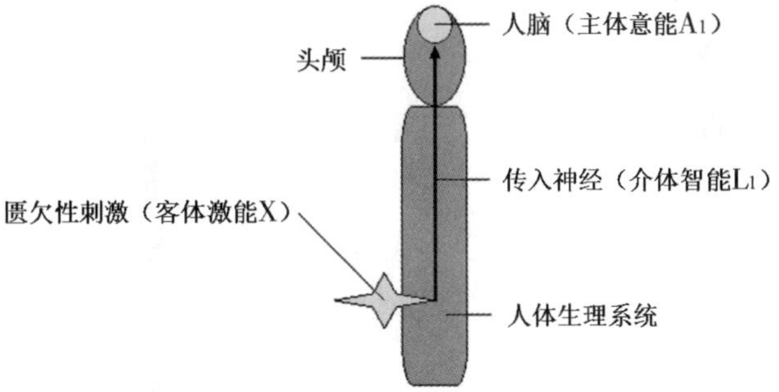

图 2–2　人体生理系统能的转化过程示意图（二）

图 2–2 是由人体生理系统能的转化过程示意图（一）进一步发展而成。顶端的浅灰色椭圆象征着人脑，它通过传入神经将介体智能 L_1 直接转化为主体欲能 A_1, 并藉此转化而成的主体意志及其意识活动，可以被称作主体意能，或自我意能。图中两个浅灰色（即四星图与正圆图）部分，一内一外，一下一上，具有明显的对应性、呼应性和联动性。

一切负欲望形式都属于“反应的反应”，前一个反应是神经性介体智能反应 L_1，是代表神经的局部性、传导性反应，后一个反应是主体性欲望反应 A_1，是代表自我的整体性、应对性反应。这是第二次发生在人身上的“介体智能变主体欲能”的重大事件，简称智能变欲能事件。这也是发生在人体生理系统中第二层次的反应，简称欲望反应。这个欲望反应不可小觑，它是人类自我意识的发端，主体自我正是从这个层次上开始产生了具有特定针对性的意志倾向。

介体智能 L_1 承载着客体激能 X 的有关信息，必然将这个匮欠性刺激的反应结果传导给大脑，并由大脑做出“不要”的负欲望性意志冲动，从而转化为主体欲能 A_1，并由此借助神经导体开创了一条了自外而内或自下而上的信息进路。

这个信息进路连接着两个反应，一个是智能反应，一个是欲望反应。

这两个点位或两个层次的反应构成一条线路，起点是针对客体激能的感受器，终点是代表主体意能的大脑，中间经过的线路是代表介体智能的传入神经。图 2–2 中黑色直线及其箭头表示信息进路及其方向。即从客体激能 X 到神经智能 L_1 再到主体欲能 A_1，体现为从外部向内部、从低端向高端发展的一条完整的信息进路。

由负舒适感衍射出来的主体性欲望反应，虽然可以被看作是人类自我的初始意志，虽然可以被看作是自我意识活动的开端，但这个开端性欲望或初始性意志并不等同于意识活动本身。就像一条射线源自于一个初始端点，这个初始端点并不是射线本身一样，但没有这个初始端点，也便不会发出射线。就像一盏灯，虽然我们并不能把灯直接叫作光，但它所发出的光却足以照亮世界。所以，这个与感觉共轭并生的初始性欲望的发端也便成了个体自我意识或人类精神世界第一推动力的发生之源。

被动性介体智能反应 L_1 转化为主动性主体欲望反应 A_1，表明的是“我对这个负舒适感是不愿接受的”，即主体自我从介体智能 L_1 的被动性和受动性反应状态中，第一次勇敢地站了出来，第一次以主动的和能动的主体身份，对代表负舒适感的被动性智能反应 L_1，产生了“不要”的欲望冲动 A_1。

这个 A_1 是一切匮欠性事件通过神经性介体智能 L_1 而必然为主体导出的“不欲之欲”（即负欲望）。这个主体欲望反应 A_1 便不再等同于简单的、被动的和局部的神经性介体智能反应了，而是属于地地道道的主体意志或主体意能反应了。此时，“主体欲能 A_1”可以直接更名为“主体意能 A_1´”了，这就正式进入主体的主观层次之中了。自兹而始，人类主观精神世界既已放射出了熹微的曙光。从被动性介体智能反应到主动性主体欲能反应，这是一件具有里程碑意义的革命性事件，值得人类大书而特书的匮欠转变为欲望、智能转变为欲能、欲能转变为意能、客观转变为主观的神奇事件，标志着人类一切意识活动正是从这里启程了。

三、欲能变意能事件

主体自我在这个代表“不欲之欲”的主体欲能 A_1 的内在驱动下，产生了对于具有填补意义的非自我性“他者”的外在期待性反应，这时的主体欲能 A_1，转化成了主体意能 A_1'。亦即从“不要匮欠”转而变成了“想要填充物”的意志性转化。

正是这次转化，使得主体意志的内在性驱动力转化成了外在性驱动力，亦即负欲望力转化成了正欲望力，通过这一转化，意味着主体自我开始朝着外在目标发力了。这是第三次发生在人身上的“主体欲能变主体意能”的重大事件，简称欲能变意能事件。

由于负欲望力的作用，必然激发大脑产生针对于不在场的目标性填充物的遥感性呼应和链接，从而使负欲望力转而变成正欲望力，这个过程必须借助表象、联想和思维等意识活动来完成。而且，值得一提的是，欲能变意能事件是发生于大脑内部的自动化转换事件，此时主体欲能 A_1 直接而且自动转化成了主体意能 A_1'。

四、意能变智能事件

但代表主体自我的主体意能 A_1' 终究不能完全依靠自己实现这种意志的满足，而必须借助并驱动神经性介体智能来完成他的目标性企图，于是它要向介体智能发号施令，致使介体智能中的外部感觉随之活跃起来，并按照主体自我意志发挥其寻找和捕捉外在目标的作用。这是第四次发生在人身上的“主体意能变介体智能”的重大事件，简称意能变智能事件。在图 2–3 中表现为 A_1' 转化为 L_1'。

图 2–3 是从人体生理系统能的转化过程示意图（二）发展而来的。

从眼耳鼻舌身朝着目标性刺激（客体激能 X´）引出的五条细斜线代表的是传出神经发挥作用时产生的感应及其感应方向（可参考欲望场理论中的欲感线），图中显示的是传出神经 L_1´。主体意能 A_1´ 发出号令并驱动代表介体智能的传出神经 L_1´ 以无线传输的方式而向外部搜寻目标，以实现满足内在匮欠的企图。代表负欲望的内在性主体欲能 A_1 完成了向代表正欲望的与外在目标相连通的主体意能 A_1´ 的转化之后，即开始自上而下向神经性介体智能 L_1´ 传达指示，从而实现了主体意能 A_1´ 向介体智能 L_1´ 的转化。这时主体意能 A_1´ 便是代表“所欲之欲”的正欲望性意志反应了。

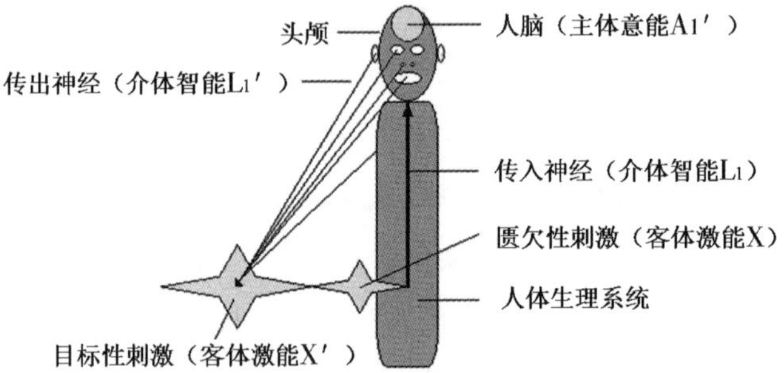

图 2-3 人体生理系统能的转化过程示意图（三）

这个具有实质性目标的正欲望即是我们通常所说的物欲。

正是在正欲望性意志的驱动之下，人类开始按照欲望目标方向而向外在客观世界的他者大踏步进发了。外部客观世界的影像信息从此更加不可阻挡地、迎头扑面地涌入了主体自我的主观世界之中，并为主观世界中自我意识的形成提供了各种各样可资鉴照、可供选择的信息材料，人类个体自我意识正式进入了茁壮成长过程，并藉此逐渐走向成熟。

介体智能 L_1´ 在图 2-3 中不便直接绘出，只描画了介体智能 L_1´ 朝向目标填充物（客观激能 X´）所发出的感应线，其实在人体内部则体现为由大脑主体意能 A_1´ 发出的信息经由传出神经的传导过程，我们看到的感应线仅仅是传出神经发射出来的外在部分（外部感觉）的象征形式。这样，传出神经 L_1´ 与传入神经 L_1 在客体激能 X 或 X´ 的客观点位上与主体意能 A_1 或 A_1´ 的主观点位上的内外两点之间构成了一个完整的神经感应回路，我称为一级智能回路。在这个回路中，传入神经主司信息的进入（信息进路），传出神经主司信息的发出（信息出路）。信息传导的回路关系代表了神经系统的内外循环关系，也代表了人的内性和外性的对立统一关系，内性与外性互补互动构成了人性的全部内容。

介体智能 L_1´ 在主体意能 A_1´ 的驱使下，调动眼耳鼻舌身等感应器向外在的目标搜寻，并借由外在目标性刺激（客体激能 X´）感应而产生填补性期待，这时，介体智能 L_1´ 转化为客体激能 X´，其中，X´ 与 X 具有同属性和互补性，X´ 可用来填补 X 的匮欠。此时的传导线路体现为从内部向外部、从高端向低端发展的一条信息出路。深灰色图中的黑色实线的箭头代表的是传导方向。但这个传导方向只具有象征意义，其实质是介体智能 L_1´ 把主体意能 A_1´ 首先发送给眼耳鼻舌身等感受器，而后再由具有外部感觉功能的感受器直接传导给外在目标（即客体激能 X´）。

主体意能 A_1´ 转化为介体智能 L_1´，这是代表正欲望的主体意志的主动性转化，介体智能 L_1´ 借助并驱动眼耳鼻舌身等感受器，努力采集外部环境中的填充物对象信息，从而实现了介体智能 L_1´ 向客体激能 X´（目标性能）的转化。这个过程，恰好是与信息进路相反的方向而动的，其起点是主体意能 A_1´，其间首先转化为介体智能 L_1´，然后再度转化为客体激能 X´。

五、智能变目标性激能事件

在上述意能变智能事件发生之后，人体生理系统中能的转化过程并没有就此终止。介体智能 L_1´ 必然按照主体意能的指令性安排而与外在特定的目标性客体激能 X´ 建立联系，并将目标性客体激能 X´ 所具有的相关信息承载其中，这是第五次发生于人身上的“介体智能变客体激能”的重大事件，简称智能变目标性激能事件。

六、目标性激能变智能事件

目标性客体激能（简称目标性激能）经介体智能 L_1´ 在特定方向上采集和捕捉后，瞬间转交给传入神经，从而实现了目标性客体激能 X´ 向传入神经所承载的介体智能 L_2 的转化。这个 L_2 与 L_1 虽然都是传入神经所承载的智能形式，但 L_1 只代表一级智能回路中的信息进路，而 L_2 则代表二级智能回路中的信息进路。因为这里需要注意的是，这个 L_2 标志着第二次循环正式开始了。

七、智能变意能事件

目标性客体激能 X´ 转化成了介体智能 L_2，并经 L_2 传递给代表主体的大脑之中，通过大脑的分析、综合、加工、判断，进而转化为主体意能 A_2。

大脑在得到介体智能 L_2 传回的目标信息之后，或者在唤醒记忆中已有的类似欲望经验之后，主体自我针对填充物目标性刺激（即目标性客体激能 X´）必然产生“想要”的意志冲动，亦即主体意能 A_1´ 经过对介体智能 L_2 所承载的关于目标性刺激（即目标性客体激能 X´）的信息进行加工后，必然会自动将介体智能 L_2 转化为主体意能 A_2。这说明，人体生理系统能的转化过程并不是通过一次性循环即可完成的，从前一次智能变意能事件到这一次智能变意能事件，体现了主体意能发生的两次跳跃和升华。在图 2-4 中表现为 X´ 转化为 L_2，以及 L_2 转化为 A_2。

图 2-4 是在人体生理系统能的转化过程示意图（三）的基础上发展而来的，重点强调目标性客观激能 X´ 转化为介体智能 L_2 的情景，以

及介体智能 L_2 转化为主体意能 A_2 的情景。

传出神经（介体智能 L_1´）必然要在目标性刺激（即目标性客体激能 X´）中获取相关信息，这就使得目标性客体激能 X´ 直接转化成了介体智能 L_2，介体智能 L_2 必然要将这些信息传给大脑，再次构成一个信息进路。大脑对介体智能 L_2 传回的信息进行加工和整理，再次实现了介体智能 L_2 向主体意能 A_2 的转化。以此类推，以至无穷。

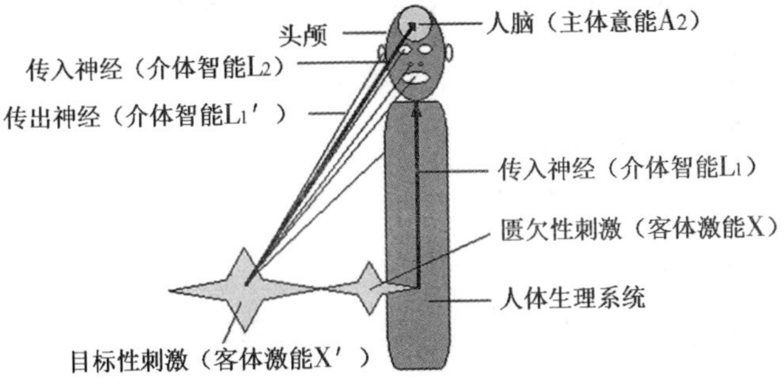

图 2-4 人体生理系统能的转化过程示意图（四）

在图 2-4 中，我没有想出更好的办法将来自于目标性客体激能 X´ 的信息经由传入神经（介体智能 L_2）由外而内的传入过程绘制出来，而仅仅是以一条自外而内的实体黑线表示这个过程，顶端的箭头表示传导方向，直接传导到代表主体自我的大脑中枢之中。

八、意能—智能—动能—欲能的联通与联动

主体意能 A_2 通常表现为一种简单的意志冲动，或者仅仅是针对目标物（客体激能 X´）的倾向性意志判断，但主体自我不会甘于这种简单层面的判断，还要进行比较性、选择性、联系性的推理和分析，从而形成更高层级的判断，并藉此拿出具体的应对方策和处置办法，这就在自我内部实现了意志性跳跃和升华，进而使主体意能 A_2 自动转化为主体意能 A_2´。

这个 A_2´ 形成以后，当然不会轻易自生自灭，而必然要向外部发布出去，朝向目标性客体激能 X´ 施加行为支配性影响，以冀操控客体激能 X´ 达成自我欲望的真正满足，这就使得传出神经再次派上了用场，此时主体意能 A_2´ 转化为介体智能 L_2´，介体智能 L_2´ 也必然要支配躯体对目标物即客体激能 X´ 产生动作（动能），以实现与自我匮欠的互补与互动。

图 2–5 是从人体生理系统能的转化过程示意图（四）发展而来的。重点强调了主体意能 A_2´ 向介体智能 L_2´ 的转化过程，同时还包括客体激能 X´ 对客体激能 X 的填补平复过程。由于介体智能 L_2 作为传出神经承载 A_2´ 的智能形式，在图中不便于绘制，仅仅借助一条从头部（实际应该从大脑）到目标性刺激（客观激能 X´）之间的黑色实体斜线来表示，实则这是一条由内而外的神经反应过程，代表的是信息出路。这样，从目标性刺激（客观激能 X´）出发，经介体智能 L_2，再到主体意能 A_2´，再到介体智能 L_2´，最后又回到目标性刺激（客观激能 X´）上，构成了一个完整的回路，我称为二级智能回路。

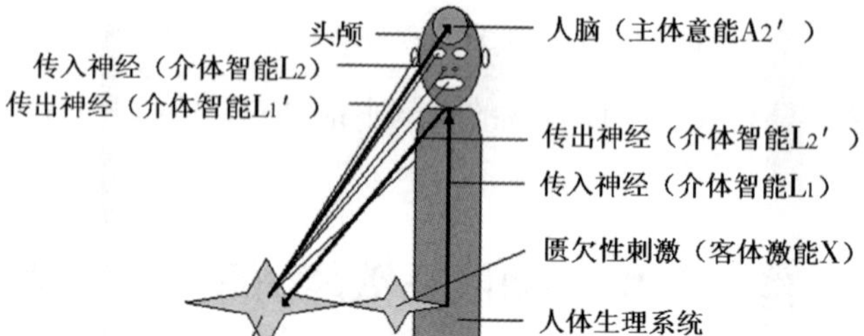

图 2–5 人体生理系统能的转化过程示意图（五）

从图 2–5 中可见，先是 A_2´ 转化为 L_2´，然后 L_2´ 再转化为 X´，最后，X´ 与 X 实现契合，即外在目标有效填补了内在匮欠，从而达成了一个欲望的满足程序，此时负舒适性的主体欲能转化为正舒适性的生理机能，欲望消失。

在此总结一下，人类针对一种欲望的发生、发展和满足过程至少要经历三个智能回路：

一级智能回路为：$X—L_1—A_1—A_1'—L_1'—X'$。

二级智能回路为：$X'—L_2—A_2—A_2'—L_2'—X'$。

三级智能回路为：$X'—X$。

当然，三级智能回路从 X′ 到 X 是欲望的最后满足程序，是通过介体智能支配肢体动作的过程完成的，其间对于动作的选择、方法的取舍以及满足程度的决策，可能会在多次反复中实现。这就意味着，人类自我神经反应可能会在这三个智能回路之间多次往返。其往返速度就是生物电的速度，接近于光速。所以，这些往返过程都是在瞬间完成的。

九、物质能量与意识能量的相互转化与守恒

我们根据以上的推演可以得出这样的结论：欲望的发生和发展过程，也是人类神经智能与人类自我意能（意识）的层次过程性和时空序列性转换过程。意能比照智能而言不过是伴随欲望而生的后来者。意识一旦产生，便具有独特的能量、能力、功能或效能，简称意能。意能主要体现为主体自我的表象能力、联想能力、想象能力、思维能力、分析能力、领悟能力、反省能力以及支配神经智能为主体自我欲望服务的协调控制能力。

同时，我们还可以推论出这样的结论：欲望的发生和发展过程，也是客观物质世界与主观精神世界实现有效转换的过程。在整个转换过程中，自我欲望起到了内在的驱动作用，神经智能起到了桥梁和纽带作用，而自我意能则起到了整体协调和控制作用。

据美国戴维·霍金斯博士研究发现，人的意念作为一种能量（可以理解为意能）对人体健康具有非常重要的影响。他认为："人的意念振动频率如果在 200 赫兹以上就不会生病"。

而凡是生病的人，其心中一般都有很多负面的意念（相当于负能量），他们喜欢抱怨、指责、仇恨别人，在不断指责别人的过程当中，就消减了自己体内的很多正能量。他认为这些人大多因为没有爱，只有痛苦和沮丧，其意念的振动频率一般都低于 200 赫兹，所以很容易患上各种不同的疾病；200 赫兹以上的意念通常表现为：喜欢关怀别人，具有慈悲心、爱心、善心、宽容心、自信心等等，这些意念都具有较高的振动频率，有时会达到 400 到 500 赫兹，甚至更高。当意念正能量很高的人出现时，他的磁场会带动周边万事万物变得美好祥和，而当一个人有很多负面意念的时候，伤害的不仅是他自己，也让周围环境磁场变得很压抑，很沉闷，很消极。

所以，欲望动力心理学认为，意识能量与物质能量都同样遵循能量转化与守恒定律，积极乐观、向善向好的意识能量可以转化为对身体健康有益的物质能量，并在转化过程中起到身心和谐共振的自我协调、自我改善或自我恢复的作用。这说明我们每个人都始终处于各种能量的相互转化和不断消长变化的过程当中，并在这种转化和变化过程中使得自我存在状态始终是一个没有定数和没有定式的变量。

发生在人身上的第一次转换事件，是客体激能世界（即客观物质世界）向介体智能世界（中观介体世界）的转换，即客体激能 X 转换为介体智能 L_1。X 作为一种匮欠性刺激的客观物质性意义是毋庸置疑的，而且这种匮欠性刺激总要体现为一种局部刺激，而 L_1 作为被动性神经智能反应，在本质上也同样具有客观物质性意义，就像其他物质的物理性反应或化学性反应一样。但 X 与 L_1 的不同主要在于前者具有刺激性，而且这种刺激性总是来自于一种他在性的原因，后者具有反应性，而且这种反应性又总是发自于一种我在性的结果。

正是这种反应性使 L_1 承担起了从客观物质世界向主观精神世界过度的桥梁和纽带作用，属于中观世界的内容。

这第一次转换的意义不限于客观匮欠性局部刺激转换为神经智能性

局部反应，也包括他在性内容转换为我在性内容。

发生在人身上的第二次转换事件，是介体智能世界向主体欲能世界的转换，即介体智能 L_1 转换为主体欲能 A_1。L_1 属于中观世界的内容，而 A_1 则属于主观世界的内容。这是一次具有革命性意义的最本质的跨越。L_1 与 A_1 的不同主要在于前者不但是客观的，而且也是局部的或部分的。即神经智能反应总是首先体现为主体自我的局部反应，而不会一下子就上升为主体自我的整体反应，后者总是体现为主体自我的整体性反应，代表的是整个人的反应，是整个主体自我的大脑的反应，而绝不是代表部分的或局部的神经反应。

这第二次转换的意义不限于客观转换为主观，不限于物质转换为精神，不限于实在转换为虚在，也标志着局部反应转换为整体反应，客体内容转换为主体内容，更标志着此时的自我业已具备了应对客观世界各种刺激的完整身份和主体资格。但同时我们也应该看到，这次反应虽然具有革命性的跨越意义，但作为主体自我本身，也不过仅仅具备了整体性反应能力，只能形成一个意志的初始端点，还未能形成放射性或发散性的真正的意识活动。

发生在人身上的第三次转换事件，是主体欲能世界向主体意能世界的转换。即主体欲能 A_1 转换为主体意能 A_1'。如果说 A_1 代表了一种负欲望形式，那么 A_1' 则代表了一种正欲望形式。也就是人性中的物欲。这是一次主体性自我意志的内部自动转换。

这第三次转换的意义，标志着人类个体自我第一次开始将探索的目光转向了外部世界，标志着主体自我实现了内在驱力而向外在引力的方向性调整、并拢和转化；标志着人类主体自我主观精神世界的大门已经完全打开，或者说人类主体自我完全进入了主观精神世界的殿堂之中，主观意识的车轮藉此而快速旋转起来了，主体自我意识的列车已经正式上路驰骋起来了。从此以后，人类主观世界发生了天翻地覆的变化。

发生在人身上的第四次转换事件，是主体意能世界向介体智能世界的转换，即主体意能 A_1´ 转换为介体智能 L_1´。A_1´ 属于主观精神世界的内容，L_1´ 属于中观世界的内容。在此我们看出同样是作为神经智能反应或同样是作为被动性和受动性神经智能反应的 L_1 与 L_1´ 之间的不同之处，主要在于前者 L_1 被动于和受动于客观物质世界的匮欠性刺激，即 X；后者 L_1´ 被动于和受动于主观精神世界的主体意能 A_1´ 的驱使。作为被动者和受动者的神经智能反应 L_1 或 L_1´，虽然都属于受动者，但其授动者却来自于不同的层面，前者 L_1 的主人来自于客观物质世界的他者，即 X；后者 L_1´ 的主人来自于主观精神世界的自我，即 A_1´。而且，L_1 与 L_1´ 尽管都属于神经智能层面，但一者为传入神经所主司，另一者为传出神经所主司，其所在人体部位或神经部位也都是不同的。

这第四次转换的意义，不限于主观转换为客观，不限于精神转换为物质，也标志着人类个体自我第一次获得了对于机体神经智能的绝对支配权。

发生在人身上的第五次转换事件，是介体智能世界向客体激能世界的转换。即介体智能 L_1´ 转换为客体激能 X´。L_1´ 属于中观世界的内容，X´ 属于客观物质世界的内容。主观世界向客观世界的转换，离不开中观世界的媒介性传导作用。此时，L_1´ 承载着 A_1´ 的意志内容而向 X´ 传导过去，并从 X´ 中找到对 X 的补充力量。

这第五次转换的意义，不限于中观转化为客观，从而实现了主观转化为客观的过程，而且也标志着人类个体自我第一次将内在的意志辐射于自我之外的他者，实现了自我走向客观世界的第一步。

发生在人身上的第六次转换事件，是客体激能世界向介体智能世界的转换。此时客体激能 X´ 中与 X 相关的信息必然被人体感受器采集到和感受到，并经由传入神经而向主体大脑进行传递，这就意味着客体激能 X´ 转换为介体智能 L_2。L_2 即为传入神经承载的内容了。

这第六次转换的意义，不限于客观世界向中观世界的转换，也标志着外在他者第一次向内在自我的转换，尽管这种转换还仅仅处于信息能量的交流性转换，尽管还没有实现实质性的物质能量的填补性转换。也正是这一次转换事件，才使得个体自我神经反应正式进入了二级智能回路中来了。

发生在人身上的第七次转换事件，是介体智能世界向主体意能世界的转换，即介体智能 L_2 转换为主体意能 A_2 有关于 X´ 中与 X 相关的信息，经由介体智能 L_2 的传导，最终在大脑中汇总、比较、加工和选择，并转换为主体意能 A_2，形成针对于 X´ 的判断。这次转换的意义，不限于中观世界向主观世界的转换，也标志着外在的他者第一次闯入自我意识领域之中，并进入了决策层次，针对外在的欲望性补充力量，人类个体自我意识开始进入了活跃期。

其实，人体生理系统中能的转化过程是一个周而复始、往复不断的连续循环过程，在完成了一个循环周期之后，还会继续进入第二个甚至第三个循环周期，这就使主体自我的意识活动能力得到了不断加强和提升。

有鉴于此，我们甚至还可以继续剖析与此相接的能量转换事件。比如：

发生在人身上的第八次转换事件，是主体意能世界内部发生的的层级跳跃性转换。即主体意能 A_2 转换为主体意能 A_2´。A_2 是由 L_2 转化而来的，虽然可以形成一些基本的判断性意志，但比较简单和肤浅，仅仅针对事物现象而产生的倾向性意志活动。未曾进行比较严谨的推理、分析和过滤。A_2´ 则是在 A_2 基础上利用以前的既有表象和经验进行比较严谨的推理、分析和过滤而产生的更高级的意识活动，其针对性更强、方法更灵活、更实用，对于欲望的满足更具有可行性。这是一次自我内部的自动转换。

这第八次转换的意义，标志着人类个体自我的意识活动实现了从简单向复杂、从现象向本质、从模糊向清晰、从低级向高级的层次性转转，也正是这次转换，使得个体自我在对外在事物具有了基本判断之后，针对欲望的满足可以在主观上拿出更具体有效的方法和策略。

发生在人身上的第九次转换事件，是主体意能世界向介体智能世界的转换，即主体意能 A_2´ 转换为介体智能 L_2´。L_2´ 是由传出神经承载的意志性或信息性能量，其内容当然是 A_2´ 内容。

这第九次转换的意义，不限于主观世界向中观世界的转换，也标志着人类自我对于外在的他者第一次产生了支配性和驾驭性的企图和动机。可以说，人类的行为动机就是在这个环节上产生的。

发生在人身上的第十次转换事件，是介体智能世界向客体激能世界的转换，即介体智能 L_2´ 转换为客体激能 X´。这时的 L_2´ 必须借助对肢体的支配而对 X´ 发生动作性接触，将 X´ 取过来并“啮入自己的牙齿”，填充到自我的匮欠中，补充到自我的机体内。正是在这一次转换过程中，客体激能 X´ 平抑并填充了 X。即代表主观意志的主体意能 A_2´，最终总要指令介体智能 L_2´ 驱使躯体行为而将外在的客观性目标啮为己有，从而实现了外在目标对于内在匮欠的有效填充和补给，完成了欲望的最后一道满足程序。

这第十次转换的意义，不限于客观世界向主观世界的转换，也标志着人类个体自我与外在他者之间第一次实现了物理性或实质性的互动与契合，实现了内与外、无与有、虚与实、我与他之间的完美统一，标志着人类个体自我第一次对于外在的他者施加了动作性和物理性的作用与影响。通过这一过程及其结果，也必然使客观世界的整体面貌发生这样或那样的改变，这也是“主观变客观”或“精神变物质”的又一版本的生动写照和印证。

在此总结一下上面的讨论：主体自我的本性欲望经由“负欲望”形式最终演绎为“正欲望”形式，需要首先经历 2 次“客观变主观”的过程，再经历 2 次“主观变主观”的过程，再经历 2 次“中观变主观”的过程，再经历 2 次“主观变中观”的过程，再经历 2 次“中观变客观”的过程，亦即首先经历了局部匮欠性刺激演变为局部神经性智能反应，而后由局部神经性智能反应演变为负欲望性客观意志，再由负欲望性客观意志演变为正欲望性主观意志，并在正欲望性主观意志的驱动下而开始了一系列自我意识活动。最后由自我意识活动支配人的躯体去实现欲望的满足性行动。

这就意味着，自我意识至此已演变为具体行动，并通过行动改变客观世界面貌，从而实现主观变客观、精神变物质的内外跨越和内外循环。

客观变主观，主观变客观，或物质变精神，精神变物质，就是这样演绎、互动和循环的。而这一切变化都是在欲望的驱动下实现的。

十、高级生命与低级生命的智能反应回路解析

同时我们还可以看到，智能因素在主观世界与客观世界这一重大转换事件中所具有的特殊意义。科学工作者对于智能的研究可以找到诸多不同的观照视角和理论脉络。比如有人将宇宙中所有的东西统称为原块。自原块以下则划分为生物与非生物两个部分；所有的生物都是有“命”存在的，所以自生物以下，有人又将生物划分为生命和人命两个部分，这个貌似有些牵强却别开生面的分法可以被称为“双命说”。

“双命说”将感觉、记忆、思维、行为、情绪等等都归结为人命过程，指的是具有神经反应和通过神经反应而形成意识反应的部分；而其他体现在生物体上的包括血液循环、食物消化、尿的过滤、氧和肺泡的结合等则设定在生命的范畴。生命就是细胞和由它们所形成的有机体组织部分。

人命是心理学和认知科学等研究的领域，生命是医学和解剖学等研究的领域。但是现在，心理学研究实际上也必须进入生命过程，才可以得出一些更为完整的结论。相反，医学也是一样，有时候医生在给病人开药的同时进行一些心理暗示可以收到意想不到的效果。

因此，人体可以分为由细胞器官和循环系统组成的生命部分和由大脑神经和腺体组成的人命部分。腺体分泌的有些激素，可能对人命过程

产生某种特定的情绪性影响。

比如，据研究，饥饿素就有抗焦虑的作用，但它主要参与的功能可能是使饥饿感得以形成的原因；再比如给溶血症患者大换血之后，有时会使人的性格、情绪、甚至智能等方面发生明显改变，这也可能意味着血液中所含的不同激素或各种微量元素对人命具有十分重要的影响。其实，人命过程和生命过程在有些情况下是很难区分的，比如性成熟，是生命范畴，但是，性欲和性感觉是人命范畴。

与双命相对的是原命，比如精子、种子、细菌等等，生命有生长发育、饮食排泄和繁殖等重要特征，但是属于原命的这些东西却并不具备，它们没有生命的特征，但具备生命所必须的物质能量或功能，也是产生生命所必需的前提条件，只要条件适合，立刻就体现出生命的特征来。一枚受了精的鸡蛋，置于不适合的环境中，它永远都是鸡蛋，只有当环境适合，它才可以孵化成有生命意义的小鸡来。

因此，有人认为，生物的概念不应限囿于传统教科书所设定的既有观念中，而应该得到必要的延伸和扩展。生物是地球上的元素在一定条件的作用下而产生的一种具有休息期和运动期的特殊物质。我们过去所说的生物的概念是指运动期的，现在我们增加的休息期是指那些没有生长发育、新陈代谢、反应刺激等特征的生物个体，比如冬眠期的蛇，空气中的细菌病毒，单个的种子，各类蛋，等等。

但我对于“双命说”将感觉设定在“人命”的范畴却持有不同观点，我认为感觉不过是物质反应性在生命体中的独特表现，应该归属于生命范畴。而只有具备对已经发生的反应再度做出第二层级或更多层级反应的能力，才可以上升为人命的范畴，亦即意识的范畴。

这说明，感觉反应只属于神经智能反应范畴，而表象、联想、想象、思维等反应，属于主体意识反应范畴。其他诸如记忆（单指信息存储）也应该分列在智能范畴之中，因为不止于人类，包括其他物体或生物有很多也都在不同程度上具备记忆功能，都属于第一层级的反应。至于知觉的形成则是靠大脑对于多方面不同感觉反应（即第一层级）的联想（第二层级）来组合拼接起来的，所以，在本质上也可归为联想性的意识活动范畴。

这样，我在这里可以进一步强调一下：个体自我某个局部位置对于事物刺激所做出的反应是第一层级的反应，是首次反应，其反应主体是神经，反应的对象是刺激，这种反应具有被动性、受动性和局部性特征；而个体自我对于神经反应再度做出反应则属于第二层级的反应，是二次反应，是“反应的反应”，其反应主体是代表自我的大脑，反应对象是第一层次的神经反应，这种反应具有主动性、能动性和整体性特征。所以，我将感觉、传导、协调、记忆、经验等称为神经反应，对这种神经反应能力，则称之为神经智能；而将表象、联想、想象、思维、思考、反思、反省等称为自我反应，或意识反应，对这种自我反应能力，则称之为意识能力，也可称为自我意能或主体意能。

在智能性感觉和记忆阶段，人类的主观世界并没有真正形成，而只有在自我借助于智能性感觉和记忆的材料信息而进入意识阶段，才标志着整个自我正式进入了主观世界。所以，代表智能的感觉和记忆是打开主观世界大门的金钥匙，而开启门锁的唯一动力则是由感觉激发的负欲望或者正欲望。这一点，也是人与动物之间的根本差别。据生物学研究报告显示，世界上最低级的动物如草履虫等并不具备任何神经反应能力，而其他绝大多数动物也不过只具备一个回路的反应能力。例如，受到刺激之后产生的认知反应和对这一认知再度产生的获取目标或躲避目标的反应，这就是一个回路的反应。

再高级一点的动物则具备两个回路的反应能力，例如海豚听见一种口令刺激（单个器官耳朵的听觉产生的第一次反应），接下来对这个口令进行意思解码并形成简单的意志性信息（对听觉刺激信号的第二次反应），而后将意志性信息发布出去（第三次反应），最后效应器接受意志信号而指挥肢体做出动作性反应（第四次局部反应）。第一次和第四次属于局部神经性反应，第二次和第三次属于大脑主体性反应，在回路上计算共有两个回路，比其他仅有一个回路反应的动物多了一个回路。再比如猪的神经反应，被主人打一棍，感到疼痛（第一次神经性反应），接下来大脑发出指令做出跑的反应（第二次），总共是一个回路的反应。而人类却具备两个以上回路的多层次反应能力，即意识能力。具体参见图 2−6。

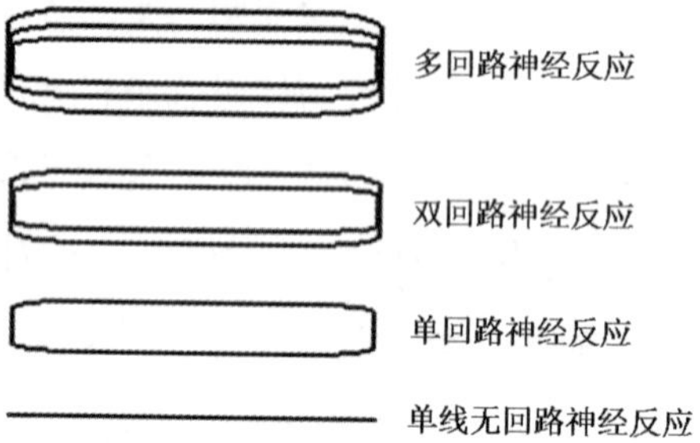

图 2−6 神经反应回路示意图

图 2−6 表示神经反应回路与智能级别的关系。高级动物与低级动物的智能水平主要是由神经反应回路决定的。单线无回路神经反应属于最低级的动物智能，只表现为从刺激到反应的单向性特征；较高级的动物智能则开始具有了反应回路，可以从刺激到反应再回到刺激上，构成一个回路；再高级一些的动物则具有双回路神经反应特征，表现为在第一个回路反应基础上，开始具备了对刺激进行解码、分析和反馈的功能；人类属于高级动物，具有多回路神经反应功能，可以对刺激进行多次判断、推理和分析，不止要把分析的结果反馈到刺激上，还会根据事物的联系而在刺激与自我意志之间实现多次反应，并由此做出选择和施加更有效的行动。回路越多则越高级越聪明，反之，回路越低则越低级越愚钝。

在智能方面，人类大脑对信息的存储能力和存储时间高于其他动物许多倍，一般动物不但记忆的东西少，而且记忆的时间也可能很短。据说鱼儿的记忆时间只有数秒钟时间，与人是根本无法相比的；在意识方面，人的分析能力高于动物许多倍，一般动物由于其头脑中形成的影像资料比较少，而且存储记忆的时间也比较短，不可能实现很多表象及其意义连贯而有逻辑的分析能力，也不可能形成稳定的观念或理念。

神经系统中的感受器、传感器、存储器、效应器属于神经智能范畴，大脑分析器、发布器属于自我意能范畴。

我的这一观点，一改传统心理学将人类神经智能反应与意识反应混为一谈的观念，第一次将人类意识活动与人类神经反应彻底区分开来并界定为两个明显不同的层次。这样做并不是为了独树一帜或另立山头，而是为了在灵与肉、内与外之间找到主观与客观相互变通和转化的媒介或桥梁。我相信这种划分原则和划分标准自有其不可低估的学术地位和实用价值。这一点，对于人们今后在哲学、心理学、生理学、人类学、脑科学和认知神经科学等方面的研究工作来说，其必要性、科学性和实用性必将在不远的将来被体现出来。

第三章 意识与灵魂
——人类灵魂存在性的科学推演

我的欲望动力心理学其实也是以欲望为切入口而建立的多架构和多视角的人学或人类学，对人的解释自然要涉及到人的躯体和灵魂问题。

人到底有没有灵魂？灵魂居于何处？灵魂是如何呈现的？对于此类亘古常新的疑惑，人类一直没有找到足可证验的科学答案。欲望动力心理学通过缜密的逻辑推演，不但证实了灵魂的真实存在性，而且也破译了灵魂出现的机理、轨迹、方向和具体空间坐标位置。

灵魂是什么？不同的人有不同的理解和说法。综合人类历史上对于灵魂的不同信奉和不同解释，我们可以归纳出如下一些观点。

1. 宗教认为附在人躯体上作为主宰的灵体，灵体离开躯体人即死亡。

2. 泛指生命。

3. 指精神，思想，感情等。

4. 指人格，良心，心灵。

5. 比喻事物中起主导和决定作用的因素。

学界对灵魂的解释，并非仅限于以上五种。我将这些解释做一下归纳，发现所有人对灵魂的解释都不外乎两个视角：一个是先天性灵魂，即随同生命体一起诞生的灵性或灵体，如以上第一种、第二种、第五种解释；

二是后天性灵魂，即伴随人类出生后与外在事物接触过程中而产生的意识、思想、观念、感情、精神、道德、人格、良心、心灵等，如以上第二种、第四种解释。其实，上面所罗列的第五种解释着眼于事物的核心内容或本质内容，是一种比喻的说法，并不属于我们讨论的范围。

首先，我们讨论一下先天性的灵魂，即附着在人的躯体上作为自我主宰的灵体。一般学界研究者或普通人都对这个灵魂是否存在的问题十分着迷，有人认为有，有人认为无，有人半信半疑，不敢确定。

灵魂具有一定的神秘性和不可捉摸性。迄今为止，这世上没有人能够拿出足以让人信服的否定灵魂存在的证据。但有关于民间发生的一些所谓灵异事件因为在尚未获得科学考证之前便成为过眼云烟，所以也一直在幻觉与真实之间存在着声音不同的争议。

其实，灵魂并不神秘，承认灵魂的存在，是因为它完全符合物质世界质能关系所确立的存在形式。我们知道，一个物体既存在着质量，也存在着能量，二者的有机契合方才呈现为一种可视性并具有特定能量或功能的物体或物质，我们可以将这种契合关系称之为质能共体定律。生物体也一样，既存在着质量性的躯体，即物质世界所呈现的具有可视性的质结构，也存在着能量性的灵魂，即能量世界所蕴含的具有不可视性的能结构，二者有机契合方才表现为一个可视性的生物体和与之相契合的不可视性的灵魂体。所不同的是，人的能量表现形式既具有生理代谢性、神经反应性，也具有意识活动性和心理感受性，其中最能从根本上代表这种能量表现形式的便是神经智能。

人只要相信自己是活着的，就会相信在自己躯体之中还有一个东西不但在证实着自己的存在性，而且也在主宰着自己的一切感知活动和躯体活动，这就是智能性灵魂。人的智能性灵魂是先天就有的，其支配躯体活动和对事物做出反应的能力即是智能的表现形式。我们不能直接看到智能，但我们可以直接看到智能的表现形式，即它可以对外界客观事物做出反应，并支配自己的躯体做出各种活动，灵魂的特点与智能的特点完全吻合，二者除了名字不同，所代表的主体却是完全相同的。你叫智能也好，叫灵魂也好，叫灵性也好，叫灵体也好，叫神智也好，叫活力也好，都是代指智能而言的。从这个层面上来看，灵魂几乎完全等同于智能。

但问题的关键是，人死了以后，灵魂是否也会随之消失？抑或依然以另一种形式存在着，或者发生转世或轮回？按照质能共体定律，灵魂作为一种能量性存在，是可以在特定的环境和条件下进行转化的，究竟转化到了另一个生命体上而发生了转世或轮回？还是转化到了另一种物体上并发挥着其特有的效能？这一点似乎最是研究者感兴趣的话题。

也许有人会说，灵魂并非绝对是不可视的，那些发生于民间的灵异现象，如果是真实的，那就证明灵魂也同样具有可视性。我们若假设这些传说中的灵魂转世、灵魂再现或生命轮回的事件是完全真实的，那么，这种真实并不是为了证明有没有灵魂存在，而是在证明灵魂作为能量的一种，转化之后会以什么形式存在，既然能够以可视的形式存在，就证明它也必然是以物质形式存在的，即以质结构形式存在的。

如果灵魂是以物质形式存在的这个结论不错的话，那么，灵魂的物质性存在形式也并不能否定它本身即是一种能量性存在，只是它离开了人的躯体之后，作为不可视性的能量，又转化到了其他具有可视性的物体上，这样人们能够看到它的存在，也就不足为奇了。

一、灵魂不灭定律

世上总有很多很多的人认为灵魂是不灭的。这个观点的正确性既可以借助物质不灭定律加以证明，也可以借助能量不灭定律加以证明，两个定律的本质是一样的，可以统称为质能不灭定律。

灵魂既然是一种特殊的能量，当然也不会消失，当然也一定是不灭的，它只能从一种形式转化为另一种形式，或者从一种物质转化为另一种物质，灵魂的能量性本质不变。这可以被称作灵魂不灭定律。

灵魂作为能量存在的一种形式总要发生转化现象。我们知道，一根柴草被点燃后，可视性的柴草经过燃烧后消失了，但其能量则以热能的形式转化到了空气中或其他物体上去了；一缕阳光照射到某个物体上，阳光消失了之后便以热能的形式转化到了被照射的物体上。而一个生命的消失，其灵魂能量是以哪一种形式转化出去的呢？以热能的形式？光能的形式？电能的形式？场能的形式？转化到另一个生命体上去了呢？或者转化到另一个没有生命的物体上去了呢？或者转化到空气中去了？或者转化为中微子而飞走了？或者转化为一种超弦形式、一种力的形式而弥散于茫茫宇宙中去了？转化之后是否还依然表现为原来所特有的自我能量形式呢？这一切直到目前还没有任何研究报告给出证明。

但有一点似乎是比较靠谱的，即如果我们推定灵魂是一种能量，那么能量是不灭的，因此灵魂也是不灭的。我认为这一观点所具有的科学含量比其他任何说法都要充分得多和实在得多。

我们在民间经常看到很多人都参与过敬奉和祭祀祖先的活动，一方面表达自己对祖先功德的肯定和哀思，对于祖先恩情的眷念和缅怀，一方面也隐含着为自我寻找根的归依感，并借以教化后世不要忘记祖先，并肩负起承传和延续家族血脉的责任。其中确实有很多的人相信祖先的灵魂宛在，认为祖先的灵魂在其坟墓上方能够看到和体察到他的虔敬之情，并希望得到祖先灵魂的保佑和成全。

其实，人死后的灵魂究竟如何转化，转化后的灵魂能量是否还会保持原有状态，是否会附着在坟墓上方的空气中并能看到后人的瞻仰和敬奉活动，则是不好做出结论的。

人类及一切生物都存在先天性的灵魂，这个结论借助灵魂能量说应该具有足够的科学含量。但人死后先天的灵魂是如何进行转化的，转化到何处去了，是否依然保持原有状态、原有能力或另外具有了超能力，这些问题目前还不能做出科学证验。所以，人类敬神敬鬼活动除了纪念意义之外，是否还具有与鬼神的沟通意义，则依然是一个不解之谜。

调查显示，那些经历过濒死体验后生还的人报告称，他们的意识觉知好像从躯体和大脑中分离出来。他们所描述的现象也相当一致，比如身陷隧道、感受到愉悦安详的气氛、看到白光、看到已故的爱人，往事重现，等等。其中有些人还说他们漂浮在自己身体上方，产生出体体验。这种出体体验非止来自于濒死生还者单方面的报告，医学上有一种叫作克他命的离解麻醉剂，也能产生濒死生还者所说的体外意识觉知，除此还有许多其他的精神性药物，也同样可以产生这种效果。

迄今为止科学还无法解释濒死／出体体验。有些人认为，濒死或出体体验是一种特殊的超自然的精神现象，意识或“灵魂”在某些特殊状态下是可以与身体发生短暂分离的；但也有质疑者认为，这种现象不过是一种错觉或幻觉，可能是大脑缺血或缺氧的表现。但医学报告显示，缺血或缺氧的病人，他们的意识往往表现为模糊不清、扰动不安的，是无法形成记忆的。

现代科学利用高频同步脑电描记法（伽马同步）和 BIS 监测仪、SEDline 监测仪等手段检测与意识有关的脑电活动。两种监测仪都能记录前额脑电，并用 0 ～ 100 之间的数值表示，0 表示脑电图静止，100 表示完全清醒的成人意识，全身麻醉时在 40 ～ 60 之间。如果将这些监测手段用于研究濒死体验，则可揭示出令人震惊的死亡脑活动过程。

有人通过监测描述了三位脑损伤病人的案例。虽然他们脑伤非常严重，但尚未达到脑死亡状态。在撤去生命支持之前，病人的 BIS 值在 40 或以下，其中一个接近 0；撤去生命支持后不久，接近心脏死亡时，三位病人的 BIS 值都突然跳到近 80，并维持了 30 到 90 秒，然后数值才突然返回到接近 0。

有人对这种死亡脑活动的解释是，这是一种非功能性的神经元去极化。但却无法解释全脑有组织的相干性同步现象。意识活动涉及多脑区信息处理的整合，能够自动把周围环境统一为一种整体性体验，而不是分离成一个一个的单独的感觉印象。不同脑区同步活动可以把各个方面的感觉特征全部统合在一起。

如果死亡过程中的脑活动确实有如濒死／出体体验或“灵魂”离体体验那样神奇而真实，那么死亡病人也会具有差不多完全相同的经历。死亡脑活动或许可以理解为一种“灵魂”活动的提示信号。

自从暗物质和反物质概念出现以后，灵魂能量说的猜想意义便又至少增加了三分。有人根据暗物质或反物质的神秘性和不可视性，认为灵魂可能是一种同样具有不可视特性的暗物质或反物质。

这当然是人们为了找到灵魂存在的物理学依据而做出的大胆猜想。不管是灵魂的能量说，还是灵魂的暗物质说或反物质说，都是从物理学的视角上进行考察的。因为我们大家都生活在物理世界当中，也许只有在物理学视角上的考察才能对灵魂的存在性以及存在形式给出科学且有力的证明。

我认为，唯有灵魂能量说更接近我们所认知的灵魂存在的真实性，一方面，能量既是存在着的，也是不可视的，而且对现实物质世界和感知世界发挥着独特的作用，这与灵魂的特性几乎完全相符合；另一方面，因为能量具有在特定条件下可以发生转化的特性，所以借此完全可以解释灵魂的转世或轮回，也可以解释发生在民间的各种灵异事件。尽管有些灵异事件可能发端于幻觉，但即便是一种幻觉，也无过乎幻觉者本人发生了一次来自于自身的灵魂能量转化事件，或者死者的灵魂能量与幻觉者的灵魂能量发生了一次转化过程中的偶发性碰撞事件。

至于对灵魂的第二种解释，认为灵魂泛指生命，则可以在以上的论述中得到启发。灵魂储藏于躯体之中，生命的意义并不是对躯体的专指，而是对活着的生命的特指，这个活着的生命就是灵魂。

这里，灵与命的意义是完全相同的，其实质都是指向一种特殊的能力，这种能力即是智能。如果我们认定灵魂是一种能量，一种智能，那就必然地符合质能共体定律，质者为体，能者为灵，二者合一，始得生命。而人一旦死亡，虽有躯体留在世上，留在四维时空中，但其作为能量的灵魂却发生了转化事件，即时间一维发生断裂、消失，转化到没有时间维度或只有时间维度而没有其他维度的异度空间之中去了——可能是以前的时空维度中，也可能是以后的时空维度中去了。按照能量不灭定律，生命结束之后，灵魂能量没有消失，它只能从原有的存在形式或时空维度转化到以前或以后的、或形式不同的其他时空维度中去了。

因为客观时间是以光的速度运动的，而生命时间是我们借助神经所能够感知的速度，它远远小于光速。当一个人生命完结时，只意味着其生命时间维度的消失，并不意味着其客观时间维度的终止。其身边的人只能感知生命时间，却无法感知以光速运行的客观时间，而灵魂能量转化事件恰恰是可以按照光速进行转化的，它既可以暂时盘桓在生命时间与客观时间的交集之中，也可以瞬间穿越这个交集而沿着客观时间维度进行转化。究竟转化到哪里去了，其身边人在其缓慢的生命时间进程中却是无法感知到的，而转化的落脚点当然是另一个特定的异度空间中，或者另一个特定的生命体上。

据说那些起死回生的人有时会述说他们回到了出生时母亲的阴道中，这是通过以前的客观时间进行转化的案例；有的说在他死后的瞬间能够飘起来看到亲人围绕着他的尸体哭泣，这是处于生命时间与客观时间的毗连处或交集中所看到的情景；有的说他死后的瞬间在朝着光的方向飞奔，这或许是通过未来的客观时间进行转化的案例。灵魂能量的转化速度或许与光的传播速度差不多，所以，灵魂能量是可以穿越时间的。至于它会转化到哪一个生命体上复现，这在客观时间的运动中带有很大的随机性。

所以，有的人所说的转世故事，可能要在若干年、十几年、几十年、几百年以后才能发生。至于一时半会未能转化成功的，则灵魂能量因为在漫长的客观时间维度中也会发生某种流失，以致转世和轮回之后，也无法再记起前世的因缘。这或许就是我们大多数人无法记起前世而另有一少部分人才能记起转世轮回故事的根本原因。

我认为宇宙空间形式也是多种多样的，绝非我们自身五官所能感知到的这一种形式。以数学维度界定空间形态，仅仅是人类凭借自身感官描述空间形式的一种方法。其实，不同的振频和不同的波长都可以创造和演绎不同的空间形式。这就像不同的电视频道一样，每一个频道都代表了一个独特的空间存在形式。

我们的肉体以其特定的振频或波长只能存在于四维空间形式之中，而我们的灵魂则以其特定的振频或波长而存在于另一种空间形式之中，就像两个频道发生了转换一样，前一个频道所播出的画面与后一个频道所播出的画面不过是两种空间形式的存在。人死后，肉体与灵魂分离，肉体停留在既有的空间频道中，灵魂则可能进入了另一个空间频道中。

二、灵魂与意识

下面我们再讨论一下后天性的灵魂。在本章开篇对灵魂的第4种解释，认为灵魂是人的意识、人的思想、人的精神、人的心灵。这是从人类意识的层面上来解释灵魂的，这与宗教意义的先天的灵魂具有本质的区别。可以说，宗教意义的灵魂具有先天性特征，而意识层面的灵魂则属于后天的产物。

欲望动力心理学认为，意识意义的灵魂并非随同肉体同步出现的，而是后天形成的。意识层面上的灵魂的诞生、成长与成熟是欲望驱动的结果。或者说，正是在欲望的顽强推动下，才使人类的后天意识性灵魂横空出世。

自从欲望产生之后，人类的一切生命现象、生理现象、智能现象和精神现象都以欲望作为第一驱动力而逐渐走向兴盛，走向繁荣。人类精神世界是以欲望作为驱动力而建构起来的。离开了欲望，人的意识、心理、思想、观念、精神便无从谈起。

佛家或道家所追求的“无欲无求”的境界不过是人们苦于欲望的烦累而寻求自我解脱的一种节欲、制欲、禁欲的修炼，并不能真正达到无欲的状态，至多通过修炼，节制了一些影响心灵净化的杂欲、杂念，进而使自己变得相对“清心寡欲”而已。

欲望对人来说是一把双刃剑，它在诱导人、激励人的同时，也在搅扰着人和折磨着人。人生修炼的目的是去除欲望带来的烦恼，但在去除欲望“搅扰人和折磨人”的负面力量的同时，也可能把“诱导人和激励人”的正面力量卸除了。如果整个社会的人都修炼到清心寡欲的地步，那么，这个社会可想而知将会陷入寂寂长夜，既看不见照彻黎明的曙光，也听不到奋勇前进的号角。

柏拉图在《国家篇》中指出，灵魂是由理性、激情和欲望三部分构成的。其中，理性是智慧，关注整个灵魂；激情是它的臣民和同盟军；而欲望则是灵魂中最大的部分，本性贪婪，应该小心提防它。至于它们之间的关系，柏拉图认为，理性与激情的结合能最好地保卫灵魂和身体，抵御外来的侵蚀，它们一个指挥，另一个则遵从命令出去作战。与谁作战呢？欲望。因为欲望为灵魂所本有。在柏拉图的灵魂构成观念中，人的内在矛盾已被先验地设定了。

由于欲望与其所涉及的各种关系具有非常复杂的层叠性、交织性和拓扑性特征，这使得我们对于欲望的表达总是感到语言的苍白和乏力，即便连叔本华等大哲学家们也认为欲望是一个“难以尽述”的话题。

费尔迪南·德·索绪尔为了揭开人类语言表达上的机理和奥妙，创造了“能指”和“所指”两个语言学概念。这两个概念自一产生开始便具有了明显的哲学意味，所谓的能指，就是用以表示特定意义的表示者；所谓的所指，就是被表示者。有人拿玫瑰花来解读能指与所指的概念关系：玫瑰花的形象即是能指，爱是其所指，两者加起来，就构成了表达爱情的玫瑰符号。

在欲望系统中，也涉及到这样一种两相对应或对称的逻辑关系，一方面是目标，属于欲望的能指；一方面是匮欠，属于欲望的所指。两者通过神经智能勾连起来，就构成了欲望。这就是说，针对生理机能的运转所造成的特定的欲望匮欠，必须存在着一种虽然不在场但却可以被神经智能辐射到的一个目标，我把这个目标所具备的能够用以填充欲望匮欠的能量、功能、能力或效能，称之为目标性能，或外应物能。显然，这里的能指已经不再是虚拟的仅仅具有象征意义的表示性符号，而是一种具有满足意义的实体。

从这个意义上说，欲望不是一个单面性独立的实体，而是一个双面性对称的联系。既然是联系，就少不了三个方面的实体性内容：一个是本体内容，在欲望系统中指的就是内在匮欠；一个是客体内容，在欲望系统中指的就是用以填充匮欠的外在目标；还有一个就是介体内容，是构成联系的纽带，在欲望系统中指的就是神经智能对匮欠和目标所做出的媒介性和勾连性反应。

这就使得欲望的构成首先体现为三个很容易在传统心理学中得到证验的实体性的“能”的形式，第一个是生理机能，第二个是神经智能，第三个是目标性能，即外应物能。其中，神经智能是生理机能与目标性能得以实现对接的桥梁和纽带，是先天的灵枢所在。生理机能产生匮欠，但匮欠本身并不直接等于欲望，而必须加上神经智能对匮欠的反应，但这还不够，还要再加上神经智能对填充匮欠的目标性能的辐射和勾连，这样从内在匮欠，到外在目标，再加上神经反应这个媒介，才能使欲望被实实在在地勾兑出来和兜示出来。

所以，欲望产生的复杂机理正在于此，其中既包含着生理机能与神经智能交互作用的结果，也包含着神经智能与目标性能交互作用的结果。用一句话来说，就是包含着在神经智能的辐射下而呈现的生理内部环境与生理外部环境交互作用的全部联系性结果。

从人的自我存在性的意义上看，生理机能具有本体的先在性，目标性能具有客体的后在性，神经智能则介乎本体先在性与客体后在性的先后之间。人们总是在作为本体的生理机能发生匮欠之后，才能由作为介体的神经智能做出反应，并进一步在人的大脑中产生欲望反应。

生活在现实社会中的人们之所以把金钱看得至关重要，至高无比，就在于金钱作为目标性能具有可以满足自我几乎全部欲望的能力、功能、效能或能量。金钱除了不能满足长生不老的欲望之外，几乎可以解决人生的一切欲望问题。或许这就是人们为什么如此痴迷金钱的根本原因。

欲望不等于生理，不等于智能，不等于心理，不等于意识，不等于心灵，不等于精神，不等于灵魂，也不等于行动。但欲望却驱动了人类的心理活动、意识活动、心灵活动、精神活动、灵魂活动和行为活动，并使这些活动逐渐走向成熟，而活动过程反过来又推动了神经智能的提升，也推动了新的欲望的产生和发展。

人的心理世界和精神世界就是由欲望的巨擘支撑起来的世界。人为什么要想问题，想什么问题，怎么想问题，都是深受着欲望的驱动和诱导，深受着欲望的牵引和指示。欲而思，思而行，行而果。没有了欲望，人的精神世界和心理世界就会死气沉沉，了无生机，漆黑一片。欲望使人的一切都产生了活力，包括人的精神、心理、意识、思想、观念、信仰，也包括人的行为及其行为的结果，而这时的灵魂则是这一切的总和。

我们已经讨论过，自我生理活动的持久存续和完好运行，基于人体内外循环关系和循环原理的坚强支持。从我在本书系提出的自我内外精神信息进出循环原理中，可以确认自我信息进与出的完整循环模型，即是“感受器→传入神经→神经中枢→传出神经→效应器→意志目标”的循环模型，而人的灵魂就在这个循环模型中运行并发挥其主宰自我精神世界的作用。

三、意识的后天成长性

人类个体意识活动与其降生时间并不是同步启动的，而是后天出现并发展而来的。人类个体自我意识当然也是后天形成并发展起来的，是通过后天观察、教化和学习而获得的必然性经验结果，并随着智能水平的提高和认知层级的递升而不断成长和成熟起来。

自我意识在未出现之前，先天智能层面只体现为一张类似于脑皮层状的褶皱的白纸，整个大脑意识区只是一座空城。但随着目标对象及其关系在自我智能层的不断介入、不断积累和不断被吸收，这张白纸从此不再了无鸦痕，而是逐渐被印上了万事万物多姿多彩的影像信息，这座空城也从此不再荒无人迹，而是逐渐出现了人事繁忙的景象和万物涌动的踪影。这些以影像形式而呈现的各种信息就像养料一样把自我意识给喂养大了，哺育成了一个真正的人，一个越来越成熟的人，越来越清醒的人，越来越理性的人，越来越聪明智慧的人，越来越超尘拔俗的人。

所以，以食物形式呈现的对象性物质食粮被人体吸收后，只能让一个人的身体发育成熟，但这并不是真正意义上的成熟，只有以影像信息形式呈现的对象性精神食粮被大脑吸收，才能让一个人的自我意识成熟起来。而只有后者的成熟，才标志着一个人真正意义上的成熟，否则，即便身体膀大腰圆，胡发垂地，也不算真正的成熟。

萨特曾把人的存在判定为“自为的存在”。认为今天的我和昨天的或未来的我并不是同一个我，我的意识总在不断地发生变化。人正因为有意识，所以人的本质就不固定。人一生下来，他没有本质，而只好作为存在体置身于世界上。本质是后天形成的，是通过人的意识自由选择的，意识选择是纯粹个人化的事情，每个人的选择都不相同，因此，人的本质也不相同。所以，他认为“存在先于本质”。柏拉图按照不可见的理念统摄可见的有形物的原则，得出了“灵魂统摄身体”的结论。柏拉图将人的本质或本性归结为灵魂，认为人不是灵魂与身体的复合，而是利用身体达到一定目的之灵魂。同时，他也认识到身体对于灵魂具有反作用。

关于自我意识的后天性观点的确立，我在这里能够提供的主要依据，在于代表主体自我的神经中枢发挥作用的时序总是后置于感受器和传入神经。从事物发展的时序逻辑上看，只有在客观事物性刺激信息被感受器接受、并经由传入神经完成传送过程之后，神经中枢（大脑）才开始起身迎客，接收传导神经递送进来的刺激信息，而后再进行存储、编码、加工和整合，藉此形成主体意识活动。一个出生于非洲的婴儿长大后必然形成符合其种族特征的语言习惯、思维习惯和生活习惯，但是如果我们设想一下，在其出生后立即将他带到英国、美国或者中国接受完全不同的语言教育、生活习惯教育和人生伦理教育，那么，其所形成的世界观及其自我意识也必然是不同的。

感知会使感知主体与被感知客体之间建立具有欲望意义的特定联系，被感知者的影像性意子在感知者大脑中发生了表象性意子纠缠与振荡，这就必然会干扰自我意识产生某种波动。如果事件发生在两个人之间，那么，对方释放和传达的意子也会与你大脑中的表象性意子产生纠缠与振荡反应，并对你的意识产生影响。

我相信宇宙中的一切都遵循一个规则，即进出规则。所有的运动都是进与出的运动，所有的变化都是进与出引起的变化，就像雄性性器在雌性性器中的进与出造成生理与生命的变化一样，我们明显感知到热分子、中微子的进与出会造成宇宙能量的变化。一个人经历的东西便是主观世界进入的东西，这些东西必然会引起主观世界发生相应的改变。

由此可见，人的自我意识是由其所经历的成长环境决定的。一个社会需要什么样的人，就必须设定和创造能够成就这样人的环境；自我希望成为什么样的人，就必须进入能够成就这样人的环境中进行自我历练、自我洗礼和自我锻造。行为主义心理学把一切行为归结为环境的控制。斯金纳说："一切控制都是由环境实施的，因此我们要为之努力的是设计更好的环境而非更好的人。"

这里的"环境"一词，通常被理解为人类自身所处的自然环境和社会人文环境。其实，还有一个非常重要的环境常常被人们所忽略，这就是人的自身生理环境。

从严格的意义上说，人是大自然的产物，当属于自然环境的一部分，自身生理环境具有显而易见的客观性和非自主性，所以，"环境"一词中应该包含着自身生理环境的内容。

我强调这一点的意义在于：生理环境作为人类欲望的发源地，必然对人类精神世界的产生与构成具有决定性作用。我在前面已经论述过，作为建构人类精神世界的自我意识，虽然是后天形成的，虽然是所处环境中客观事物各种刺激信息和影像信息投射于大脑之后的联系性反应和拓扑性反应，虽然具有一定的受动性和被动性，但内在生理环境作为演绎自我的一部分，与外在客观环境一样，也必然对自我意识产生重要意义和影响。内外两大环境系统的对立、交叉、互动和统一，通过神经反应构成了一种欲望关系。

根据欲望原理，自我意识必然具有趋利避害的对象选择性、行为选择性，而这种选择性在一定程度上代表了人的自由意志，代表了人的主动性和能动性。

所以，贝塔朗菲站在开放系统的立场上，以生命体的主动性来论证自由意志的存在，并将此看作是人的最高特征，他指出："个体的不可预言性会随着系统复杂性的增加而增加，人类作为生命系统中最复杂的事物，充满着最高的个体自由。"但社会统治者为了控制和规范人的行为的目的，过分强调和夸大人的主观意志性，只要行为失范，便以道德、法律制罪于人，由个体承担环境影响的责任，而作为统治者绝不会承担自身对环境治理不善的责任。

同时，自我意识具有自成系统的内在封闭性，这主要源自于神经系统的自我内在性和影像信息投射的客观外在性。代表主体自我的神经中枢隐居于颅脑深宫之内，可谓大门不出二门不进，独守一隅，老大自居，就像一个部队的统帅稳坐于大本营内部的司令部指挥台前，按照其所处的空间隐蔽性位置而言，他对外界信息本来是一无所知的，但他却在其外围布设了很多与他直接相联系的哨所和信使（即外部感觉系统和内部感觉系统），整个部队内部及其与外部的每一种信息，都有专门的哨所负责盘查，有专门的信使负责转送。这个神经中枢大人同时兼具司令、参谋、指挥员之职于一身，对所有传进来的信息进行分解、整合，并做出分析和判断，拿出主张和意见，然后再责成特定的信使传达下去。倘若没有这些哨所和信使，这个部队的统帅便被架空，什么也不知道，什么决策也做不出来。

所以，神经中枢这个代表整个自我的总司令，之所以能够发挥其主导自我和主导身边一切事务的功能，就在于其不但在外围布控了眼耳鼻舌身等承担感受器之职责的五大哨所，而且还建立了遍布四面八方的神经网络等专门承担传导功能的若干传导神经的信使。没有这些哨所和信使，神经中枢这个司令不但会变成一无所能的光杆司令，甚至还会变成一个坐以待毙的无脑司令。

对于一个功能完善、运转良好的军区司令部而言，不但外面的哨所觉察或采集的刺激性信息与里面的司令总结加工的意志性信息具有本质的不同，而且外面信使传送进来的刺激性信息与里面的司令发布出去的意志性信息也具有本质的不同。哨所采集的信息和信使送进来的信息不过是神经智能反应，是局部性反应，而且更是第一层次的反应，做出反应的主体是神经本身，而司令总结加工的意志性信息和发布出去的指令性信息则是自我欲望反应，或称为意志反应，也是“反应的反应”，属于第二层次的反应。甚至在此基础上，还可以继续做出“反应的反应的反应”等第三层次或更多层次的反应。而且这种后置性反应是整体性反应，做出反应的主体是自我。

在整个神经系统中，感受器采集信息、传感器传导信息、分析器处理信息、效应器与目标对象交换信息，都属于被动性和受动性反应。而神经中枢编辑加工信息、整合信息、形成意志反应并发布指令性信息，则具有明显的主动性和能动性。

四、人类认知的三个基本层次

我将神经中枢所具有的意志性反应能力称为意能，意能代表整体性主体自我意志及其意志能力或意志能量，所以也称为主体意能，或自我

意能，或自我意识。这个自我意能或自我意识可以直接被认同为主观精神、主观意志或主观世界。

与此相对应，我将其他包括感受器、存储器、传感器、效应器等整个神经网络之功能称为神经智能，或称为介体智能，借以强调其媒介传导功能。神经智能代表部分性神经器官反应及其传导能力和存储能力。对这个神经智能或介体智能，从哲学的视角上，我称之为中观精神、中观意志或中观世界，表明神经智能介于主客观两个世界的中间，既具有神经物质性的客观属性，也具有智能反应性的主观属性。

中观世界在客观世界向主观世界过渡中起到媒介中转的桥梁和纽带作用。这与传统哲学对宇宙所做出的主观与客观的二分法或二观论、二元论理论提出了严峻的挑战。我在这里所提出的关于人类宇宙观的三分法、三观论或三元论并非是对传统哲学思想的刻意反叛，而是对人类认识论的崭新注疏和全程铺陈。

从主体到客体必然经历介体的勾连，从客观到主观必然经历中观的反转，没有中观世界的存在，便没有主客观两个世界的能量转换和对接过程，这就意味着，中观世界的作用是不可忽略的。物理世界向精神世界的能量转化必须借助中观介体的联通，精神世界向物理世界的信息传递也同样离不开中观介体的联通。可以说，人类所做的一切研究、发明和创造都需要借助中观精神的介入和中观介体的联通。而且几乎所有发明创造都是在找到特定中观介体之后才实现的，离开了中观世界，离开了中观世界的媒介作用，客观世界便会停止投射，主观世界便不复存在。

柏拉图在对人类认知过程的讨论中，曾将认知过程划分出三个层次或三个领域，即知识、意见和无知。他说意见不如知识清晰，但不像无知那样模糊，介于二者中间；同样，在是者、可感事物和非是者的三重区分中，可感事物介于二者中间。他说："把两端归给两端，把中间归于中间。"在这里，我将柏拉图的知识、意见和无知投放到我的欲望动力心理学理论模型中分析。可以看出，柏拉图在这里所说的知识或是者，实际上就是比较清晰地呈现于大脑中的主观内容，属于主观精神或主观世界的范畴；他所说的意见或可感事物，即是主观世界与客观世界之间的媒介性内容，属于中观精神或中观世界的范畴；他所说的无知或非是者，是指外在客观世界中未进入中观世界也更未进入主观世界（即自我意识）之中的那部分内容，属于客观精神或客观世界的范畴。

柏拉图虽然未能以此为依托而建构起三观论的理论模型，但他起码已经意识到在主观与客观之间还存在着一个中间地带，一个“即是又不是”的模糊地带，一个从客观世界通向主观世界或从主观世界通向客观世界的媒介性世界。这个世界一经被我描述并提炼出来，或许会引起哲学界的深度关注，并在哲学的整体方向上对认知科学产生重要影响作用。

按照宇宙质结构与能结构对称对应理论（见欲望动力心理学书系《欲望与人格心理学》一书），对于施于主体自我的客观事物性刺激，其本身必然具有一种独特的能量、能力、功能和效能，总括起来可称之为目标性能。因其具有刺激、诱激、激发、激使、激励等作用，还可以称之为客体激能、外应激能，或简称激能。这个客体激能，从哲学层面上可以被看作是客观精神，或客观意志。

其中，神经智能始终处于客体激能与主体意能之间，并承受来自于这两个方面的夹板气。即神经智能一方面受动于客体激能的刺激，一方面受动于主体意能的指挥。这就使激能、智能、意能三者之间的关系变得非常显在而鲜明，三者不仅代表了客观精神、中观精神和主观精神的三个哲学层次关系，也代表了客体激能、介体智能和主体意能的三种功能转换关系和三种功能发挥作用的先后时序关系。

在欲望系统中，生理机能和目标性能是硬件条件，主体意能是软件条件，神经智能则属于电磁感应传导条件。正是硬件条件构建了生命体的客观物质系统，电磁感应传导条件构建了生命体的中观媒介系统，软件条件构建了生命体的主观精神系统。而欲望就是在硬件出现问题和发生故障时，通过电磁感应传导条件而将相关信息传导给大脑，并由大脑产生处置问题和修复故障的意志倾向，正是在这个意志倾向的指引下产生并激活了自我心灵活动的不断发展。我将欲望按照特定方向产生的驱动力量称之为欲望趋能，简称欲能。同时，硬件条件决定电磁传导条件，而电磁传导条件决定软件条件能否得到完好的运用和发挥。

比如，我们通过饮酒或用药，使生理机能硬件条件特别是血液循环状态发生改变后，我们视听嗅闻触等五官条件也会发生与酒精或药物作用相应的改变。即便面对同样的事物，因为饮酒或用药后造成神经感应传导能力发生敏感度增强或减弱的改变，五官感觉的清晰度和敏感度也会因此发生改变，随之导致心情、情绪等也会变得麻木或敏感，最终影响到意识形态发生改变，进而影响到表情、语言、行为等发生一系列连锁性改变。

这说明，人体内部物质性运动和精神性运动的驱动系统具有十分复杂的连锁连动性关系。其中，硬件系统中的物质能量是物理性生理机能发生改变的第一驱动力，生理机能又会促使神经智能发生改变；神经智能又会驱动欲望的产生和发展；而欲望则又是软件系统的精神能量，并成为自我意能的第一驱动力。同时生理机能、神经智能、欲望趋能和自我意能共同发生作用并驱动了心理势能发生情绪性变化，而心理情绪的变化又会反作用于神经智能、欲望趋能、自我意能和生理机能等发生一系列连锁连动的改变。

对于人体内部存在的这个神奇绝妙的驱动系统，还有待于后来者做更科学实证的解剖和研究。我相信，人体内部驱动系统的运行机理也必然严格遵循能量转化与守恒定律。

五、人类质能结构关系中的灵魂含义

我的欲望动力心理学也是人类质能结构学或人体质能关系学，是从人的质结构、能结构和质能组合原理上分析人和解剖人的（这也是我在欲望动力心理学书系《欲望与人格心理学》一书中阐述的观点）。所以，我有理由确认，人的灵魂是由先天之灵和后天之魂相合相融的产物。

先天之灵即指先天智能，它表现为人躯体之内与生命并蒂同生的灵性或灵命，具有与其他生命体的灵性和灵命实现联系、沟通和感应的能力，如机灵，性灵，显灵，灵性，灵机（一动）等。先天之灵以感应、传导、存储信息能量和自动协调内外关系的形式存在于中观世界之中。

后天之魂指的是后天的意能，它以汇纳信息并分辨出利弊关系、筛选信息并抽象出特定意义、加工信息并梳理出连贯思想、整合信息并转化出决策意志、发布信息并表达出具体指令的形式存在于个体自我主观世界之中，其中明显带有欲望、情感、心理、思想和精神的意志倾向性，如英魂，忠魂，冤魂，魂不守舍等。后天之魂以信息能量特定组合的形式存在于主观世界之中。由于智能与意能之间存在着密不可分和相互促动、相互激发的连带关系，灵魂常常被合并在一起表示人的先天灵性和后天意识的总和，与人的显在的物质性躯体相对，也与客观世界相对。灵魂与躯体有机契合即构成了一个具有完好存在性的质能合一的生命体。

维纳在研究《控制论》时发现，人体作为一个活的有机体，自始至终都在一直不断地进行新陈代谢，每一个组织器官的物质也一直不断地被更新和被替换。这说明构成我们躯体的物质并不是一成不变的，不变的只是模式，这才是生命的本质，也是灵魂的本质。灵魂作为一种能量形式，不但决定物质形式，而且特定的灵魂也决定特定的物质形体或物质形态，人的形体或形态与其他动物的形体或形态的不同，就是特定的灵魂能量形式在特定物质形态的造化过程中发挥特定作用的结果。

掌握并控制一个特定的模式，也就掌握和控制了一个特定的结果。比如国家首领对于国家和社会的统治，就是借助特定的无形的模式实现的：一是通过控制军队以控制国家暴力机器，并利用暴力机器实现对于异己集团或异己之徒的有效威慑和控制，这是一种力量型信息控制模式；二是通过控制媒体传播渠道，特别是广播电视渠道以控制全体民众的意识、观念、精神和信念，坚决避免出现其他异己之声音、号令，特别是坚决避免出现否定自己的声音和号令，这是一种传播型信息控制模式。这样，依靠这两种媒介、模式即可控制整个国家和全体民众。

罗马尼亚的奇奥塞斯库因为失去了对广播电视和军队的模式性控制，导致自己在流落街头时，所遇民众因为在媒体上出现了与奇奥塞斯库明显不同甚至完全相反的声音和号令，视奇奥塞斯库为总统的观念已经被瓦解和改变，奇奥塞斯库的命运因此发生了天翻地覆的逆转。

所以控制论观点中的所谓控制，非指控制一个点位，一个片段，一个角落，一个部分，而是在于控制一种模式，一种媒介，一个整体，进而实现控制全局的目的。离开了模式，离开了媒介，整体的和全局的内容便是无法控制的，比如社会管理即是借助于一种特定的模式来实现的，离开了模式性控制，诺大的社会便会发生混乱和无序。

同样的，对于一个具体的人而言，其被有效控制的最好方式也是借助其由内在媒介所构成的模式，即通过宣传教育开化引导而有效控制这个人的中观世界的智能运转模式和意能转化模式，进而在欲望方向上进行有效控制，并最终实现对其思维方向、思维模式以及行为方向和行为方式的有效控制。

只有首先控制了内在的思想、观念、精神，才能控制外在的行为、举止、言谈。这样，整个人便都被控制了。

模式所蕴含的承载信息和传输信息的巨大功能，大于任何局部物质或局部信息的碎片化的能量相加之和。控制模式或控制渠道，比控制一个具体的物质或一些具体的信息更重要和更关键。而人作为有机体的模式不是躯体中的特定物质，而是生命造化的灵枢或灵魂，正是灵枢或灵魂使得躯体中的每一种物质都具有了新陈代谢的意义。

我们之所以感到灵魂具有神秘性、不可捉摸性和飘忽不定性，就在于能量这玩意本身就具有这样的特性。当能量在某个其他特定的物体上发生作用时，我们作为考察者，能够感到能量对这个物体发生的作用很神秘，很神奇，很神微，但毕竟还是有所感知的，有所认识的，而当能量这玩意蕴藉并运行于自己躯体之中且对自己和经由自己而对外在他者发生作用时，便把自己搞蒙圈了，整迷糊了，弄傻眼了，以致于自我对自我的整体的或部分的存在性似乎无法解释清楚了。

当能量蕴藉于被考察的物体之中时，物体本身的“灵魂”就是它的能量；当能量蕴藉于自我躯体之中时，自我的灵魂便是自身的能量。这些能量一部分转化为生理机能，一部分转化为神经智能，一部分转化为自我意能，甚至还可以转化为其他更多的能量形式。

能量在自我躯体中所发生的一切流变事件、传导事件、存储事件、转化事件，其实都符合能量的物理运动形式和转化形式，但放在被考察的其他物体上则似乎更容易被理解，而放在自己身体里便觉得不可思议和不可捉摸了。也许正因为如此，才使得我们不幸而陷入了“不识庐山真面目，只缘身在此山中”的认知瓶颈之中了，并因此而使世人自古以来便把“认识自己”设定为最难解的谜团之一。

第四章　欲望与信息
——客观信息向主观信息的欲望性转化

什么是信息？信息是主客观两个世界相互沟通的桥梁，是处于主客观之间的中间地带、缓冲地带和模糊地带。一方面，客观信息本来就在那里，不招谁、不惹谁地摆在那里，处于一种本然的、自在的状态；另一方面，人的大脑在出生之前本来空空如也，但自从降生到这个世界以后，人的大脑与客观信息之间便产生了映射与被映射的关系。即人类通过天赋的神经感应功能，将内外客观存在的信息衍射、映射、传导、存储和反映在自我大脑之中。

一、内觉性信息与外感性信息

鉴于欲望具有二象性，一象是匮欠，一象是目标。而匮欠总是发生于人体生理环境的内部，目标总是呼应于人体生理环境的外部，这就使得人类必然存在两种与之相对应的感觉形式，一种是对应于内在匮欠而必然出现的内部感觉形式，一种是对应于外在目标而必然出现的外部感觉形式。我将人类所具有的这两种感觉形式与欲望二象性结构的严谨对应关系和内外互感关系及其所产生的纠缠振荡效应，称为欲望内外感觉呼应原理，或称为欲望内外感觉对应原理（或简称欲望感应原理）。这一伟大的原理堪称天造地设，充分体现了上帝造人时暗度金针的缜密而周延的底层设计逻辑，展示了上帝高超的造人艺术和绝妙的造人技巧。我藉此有理由推断，进出于人类大脑中的一切信息及其内外流转方式、感应方式、作用方式以及所产生的功能效应，都严格遵循欲望内外感觉对应原理。

综上所述，人类大脑中的信息，共来自于两个方面。

一个是来自于生理内部环境，来自于生理内部环境中的内部感觉信息，可简称内觉性信息或内感性信息，由此产生的欲望形式称为内觉性欲望或内感性欲望（如本性欲望）。在内觉性信息中，大部分内容属于与匮欠有关的负舒适性信息，只有当外在目标有效填充匮欠的过程中所产生的内觉性信息才属于正舒适性信息，其本身也与匮欠有关。在生理机能失衡与趋衡的互感互动过程中，这些内觉性信息以其无形的、抽象的和自我的内在感受性特征，自动转化为内觉性欲望意义，如食欲、性欲、便欲等等。

另一个是来自于生理外部环境，来自于生理外部环境中的外部感觉信息，可简称外觉性信息或外感性信息，由此产生的欲望形式称为外觉性欲望或外感性欲望（如感性欲望、知性欲望等）。在内外互感互应过程中，外觉性信息以其物性的、形象的和自他的外在感应性特征，自动转化为外觉性欲望意义。如恋物欲、亲子欲、审美欲、求知欲等等。

信息一旦出现，或从内向外，或从外向内，在内外两种感觉形式之间相互辐射、感应、交叠、碰撞、纠缠、振荡、干扰、影响，这就使得内在抽象性信息对外在形象性信息具有了取用、赋义和选择的标准与驱力。同理，外在形象性信息对于内在抽象性信息具有了激活、唤醒、启发、提示、回馈、慰藉的依据与作用。

内部感觉及内觉性欲望对外部感觉及外感性欲望具有正比例驱动性感应作用、激活作用、诱惑作用、驱策作用。同样的，外部感觉及外觉性欲望对内部感觉及内觉性欲望具有正比例回馈性感应作用、激活作用、诱惑作用、驱策作用。

只有存在内部感觉和内觉性欲望，或具有同属类内部感觉和内觉性欲望经验的基础上，外部感觉及外觉性欲望才能被激发出来并具有存在意义。否则便会违反欲望感觉对应原理，内外两个方面出现的感觉之间，以及内外两个方面出现的欲望之间，便不会发生互感互应的关系。没有内部感觉作用的先在性存在，没有内觉性欲望的先在性存在，外部感觉作用或外觉性欲望便会失去根本性的驱力、失去目标性的方向，因此也失去了存在的基本意义。

而且，内部感觉越强烈，内觉性欲望越强烈，与之相对应的外部感觉和外觉性欲望也越强烈。内外两个世界或两个方面的互感互应强度函数和烈度级别具有正比例消长关系。如人在年轻时性欲强烈，眼睛里看到异性的姿色、耳朵里听到异性的声音、皮肤触摸到异性的肌肤，便会心跳加快，血流加速，意乱情迷，激动不已。而届年老体衰，性欲大减，再看到或接触到异性时，便不会再像当年那样心潮荡漾、神魂颠倒了，就像左手摸右手，表现得非常淡然、漠然和平静，当年那种陡然高涨的激情、热情、兴趣和冲动一落千丈。表现在内部感觉与外部感觉之间、内在本性欲望与外在感性欲望之间的感应力、振荡力、驱动力和诱惑力，也今非昔比，日渐衰微了。

这说明，在没有内部感觉的激发、催生，没有内觉性欲望的驱动，外部感觉便会黯然褪色，便会滃然弥散，自我注意力当然也不会再向着没有内觉性欲望驱力指向的目标集中了，也不会再向着没有内觉性欲望驱力指向的地方发生兴趣了。

在我们司空见惯的日常生活中，我们发现身边的年轻人似乎个个都光鲜亮丽得就像春天的野草一样充满生机和活力，充满阳刚和朝气，仿佛有永远也用不完的精力、永远也使不完的干劲，而且对外界事物也格外感兴趣，有激情，这无疑是欲望感觉对应原理演绎的必然结果。这些外化的人生现象，显然来自于其健康、强壮、旺盛的生理机能所激发的与之等效的内部感觉的活力，以及与之等效的内觉性欲望产生的驱力。

正是源自于其人体内部世界这两个力的坚强支撑，才使得他们在面对外部世界时显得如此神采飞扬，如此英姿飒爽，如此意气风发，如此标情夺趣，如此壮怀激烈。一旦撤去这两个力，一旦撤去其生理内在环境中蓬然勃发的内部感觉和内觉性欲望，那么与其外部感觉及其内外感应有关的这一切就会发生 180 度的大转弯。

所以，如果抛开内部感觉，抛开内部感觉信息，抛开内觉性欲望，人类就不可能产生抽象思维形式；同样，如果抛开外部感觉，抛开外部感觉信息，抛开外觉性欲望，人类也不可能产生形象思维形式。我有理由认为，抽象思维的产生与形成缘自于宇宙微观结构及其特点的底层基因设计，其微观形态及其运动方式和作用方式已远远超越了外部感觉的智能阈限，由于无法以形象的形式映射，所以只能以抽象的形式感知其存在性；形象思维的产生与形成则来自于宇宙宏观结构及其特点的可感维度表征，其宏观形态及其运动方式和作用方式有条件适格于外部感觉的智能阈限。

更何况，人类凭借其特有的神经感应能力，可以有幸直接感知到内部环境中所存在的微观现象和运动特点，但遗憾的是却永远无法直接感知到外部环境中所存在的微观现象和微观运动特点。置于人体之外的微观现象和微观运动特点，只能经由人类的外部感觉借助科学仪器进行间接的测量与认知，或者只能通过人类的抽象思维能力推想其可能的存在状态、运动特点和作用方式。人类神经承载的内部感觉过程和大脑思维意识过程，何尝不是隐藏并运行于人体中的微观现象和微观运动方式呢？或许在人体之外——在人体神经直接感受之外——所存在的一切微观现象和微观运动形式便是隐藏并运行于宏观宇宙中的“意志”或“意识”（如此推演下去，意味着意志或意识这种神秘而诡异的东西本来就存在于宇宙一切客观事物的微观尺度之中）。

换句话说，在人类神经内外，宏观与微观之间隐含着一种特殊的循环关系、感应关系、连通关系、互动关系和对立统一关系。

这样，抽象思维和形象思维，因内部感觉和外部感觉之间所存在的这种互联互通、互应互动的遥感关系、对应关系和接应关系，在自我大脑中激发出来并共轭性地派上了用场，在匮欠与目标、虚与实、无与有、时与空、负与正、象与义之间相互感应到了一起，呼应到了一起，叠加到了一起，搅合到了一起，嫁接到了一起，纠缠到了一起，振荡到了一起，整合到了一起。人类意识活动就在这种严谨细密的微观互动中被孕育出来，被驱动出来。

通常，我们大脑中更多地感应到的是来自于外部感觉的影像性信息。起初，在刚刚映射的一瞬间，大脑只起到镜子的作用，只有对客观信息的影像性鉴照，尚不能将这些影像符号连缀成意识或意识活动。在其存储于大脑中之后，其中总会有一些与内部感觉和内在欲望有关的影像符号被激活成表象，从而形成意识活动和心理活动。

这就是说，投射并存储于自我大脑中的非意识性中观信息，在内觉性欲望的驱动下，以内外环境中的两种信息（内在抽象信息和外在形象信息）自动链接、感应、纠缠、震荡在一起，并产生一种特殊的反应形式，这种反应形式就是意识反应。自我通过意识反应对不断映射于大脑中的中观信息进行反复加工、反复整合，并选择和提炼出对内在欲望有用的信息，这些信息就变成了主观信息。主观与客观就是在这一过程中建立了欲望性的呼应关系、互动关系和对称关系，从而实现了主客观之间的有机对接、融合、交叠、互联和互通。

二、客观七性信息与主观七性信息

任何一种事物信息最初都是以其客观形式存在的，在没有人类映射、观照和释义之前，也都必然地包含着其天赋的和固有的基本属性，我在这里考察并归纳为七个方面：即信息的空间属性、时间属性、状态属性、过程属性、结构属性、关系属性、功能属性。我称它们为客观七性，并将这些客观信息称为七性信息。

假设客观七性信息的每一种属性都巨细无遗地、原样照搬地投射到了大脑之中，以抽象的内部感觉形式或以形象的外部感觉形式而跃变为中观七性信息，包括生理内部环境中由内部感觉衍射的具有负舒适感或正舒适感的抽象性信息，也包括生理外部环境中由外部感觉映射的影像、声音、味道、气味、触感等形象性信息。在中观世界中，大脑的作用也仅仅是镜子的作用，所以作为智能媒介性的中观世界对客观七性信息的反映也仅仅是无意识反映。

无意识中观信息仅仅是大脑对客观世界映射的影子，但人既属于感觉性动物，也属于欲望性动物；既活在感觉世界里，也活在欲望世界里。无意识中观信息一旦受到欲望力的驱动，便必然会被赋予主观欲望性的意义指向，这就在中观七性信息基础上增加了欲望属性，从而使中观七性信息有机缘转化为主观七性信息，转化成意识活动的基本材料和基本内容。

这就是说，有意识性的主观信息是主体自我按照特定欲望目的而从无意识性的中观信息中提炼、加工、升华和演绎出来的有用的信息。自此，客观信息第一次被主体赋予了主观意义（亦即欲望意义），从而实现了质的飞跃。至此，无意义的符号内容从中观世界的夹缝中经历了一次华丽的转身，而跃变为有意义的符号内容。主体自我按照有意义的主观信息的启示而开始进行一系列意识活动和有目的的行为活动，这就使得中观世界的神经智能在主客观两个世界之间起到了转换器的作用。

客观七性信息最初通过神经智能通道，以内在抽象性体验和外在形象性镜像的形式投射并存储于大脑中，从而转化为中观七性信息，这仅仅在理论上存在这种可能性，在实际生活中是不可能做到如此完美无缺的。也就是说，以大脑功能的有限性和客观事物的复杂性而不可能将一事物的七大属性一丝不漏和巨细无遗地映射出来，也不可能一次性或一下子就能慧眼识穿，一览无余，特别是首次映射时只能获得一些模糊的、笼统的、粗糙的、残缺的、零碎的、片面的和片段的个别属性的简单镜像，有些例如客观事物的时间属性、过程属性、结构属性、功能属性等方面的内容，未必能够通过一次性简单投射即能领略全貌和透视就里。

从这一意义上说，人类感官在通常情况下不可能将客观事物的七大属性（客观七性信息）一次性全部映现出来，而可能仅仅映现出了五性、三性、两性，甚至一性。所以，中观七性信息在多数情况下是不完整的，不齐全的，残缺的，零碎的，片面的，而且是无欲望的，因此也是无意识的。

同样的道理，主观七性信息只存在于纯粹理论范式的表述上，在实际生活中，主体自我既不可能一下子将客观七性信息全部映入大脑且一无遗漏地形成中观七性信息，同时客观信息的七大属性（客观七性信息）也不可能对主体自我都具有欲望意义。通常情况下，只能有一些个别属性才对主体自我的特定欲望有用。

所以，从表述的准确性和严谨性上来说，主观信息是从中观七性信息中提炼出来的对特定欲望具有意义的信息，这时的主观信息未必是七性，可能仅仅是其中的一性、两性或三性。但不论怎么说，客观七性信息只有在变身为中观七性信息之后，才能跃升为主观七性信息，标志着客观世界向主观世界实现了一次根本性的过度，是一次具有里程碑意义的革命性事件。自此，人类从无意识状态开始跃升到了有意识状态。

在客观七性信息中，空间属性主要指的是事物的方位、大小、密度等内容；时间属性主要指的是事物存在或出现的时间周期，包括产生的时间、发展的时间、消失的时间等内容；状态属性主要指的是事物信息系统所处的状况，包括固态、液态、气态、游离态、化合态以及形状、颜色、姿态、动静、形式等内容；过程属性主要指的是事物发展变化所经过的递变程序或阶段，包括事物信息从始态到终态演变的顺序、步骤、环节、工艺、规程等内容；结构属性主要指的是事物内部的结构体式，包括内部构成元素、组合原理、构造特点等内容；关系属性主要指的是事物及其特性相互联系以及与其他事物相互作用、相互影响的各种关系，包括渊源、对立、并置、包容、交叉、叠合、反转、嵌套、浸入、消融、全息等与所处环境中其他一切事物的关系等内容；功能属性主要指的是一事物对自我或对其他事物所产生的反射、感应、作用、功力、效能、效应、用途等内容。

客观七性信息属于客观知识，客观七性信息变为中观七性信息，既为相对客观知识，也为相对主观知识，还可称之为中观知识。之所以出现表述困难的现象，实在是由客观世界变为主观世界的复杂过程决定的。由于中观世界处在主客观两个世界之间，具有桥梁和媒介作用，对主体与客体而言，可称为介体，对主观和客观而言可称为中观。

客观七性信息投射于人类智能层面之上，即变为中观七性信息，这个层面的信息以纯粹抽象的感受或形象的影子的形式构成了一个特殊的媒介性的中观世界，当遭遇欲望力冲击或驱动之后，这些中观七性信息中的一部分属性和内容则立刻变身为有意识主观信息。而从有意识主观信息中提炼出来并被确知确信的内容即为主观知识。

这样，知识分为客观知识与主观知识两大类，客观知识分为绝对客观知识和相对客观知识两大类，绝对客观知识是未映射于大脑之中的客观知识，属于康德所谓的“纯粹理性”，不是来自感官、而是独立于所有感觉的知识，这就决定了知识的正确性或真理的正确性先于经验，是先验的正确。

相对客观知识是绝对客观知识映射于大脑之中并未进入欲望层面的那一部分知识，属于中观知识范畴，中观知识是客观世界通过欲望驱动作用而向主观世界实现过渡的桥梁。就像两个国家以一条河流为界，中间建有一座互通的桥梁，这座桥梁在客观之国来看属于相对客观之桥，在主观之国来看则属于相对主观之桥，其实所指是一座桥。这座桥即是客观世界与主观世界之间的媒介，也可称之为中观世界。

所以，相对客观知识同时也是相对主观知识，或称为中观知识，中观知识属于经验本身，属于业已映射于大脑却未经大脑思维加工过的经验。待有欲望力参与进来之后，作为无意识的中观知识便有一部分被欲望驱动，被欲望激活，为欲望服务，这就变成了绝对主观知识，也称为有意识主观知识，或简称主观知识。这样，主观知识便分为相对主观知识和绝对主观知识，亦即无意识中观知识和有意识主观知识。

只有主观知识才是对人类个体自我真正有用的知识。只有在欲望驱动下所获得的信息或者被欲望激活的信息才有可能变成主观知识。

康德认为，经验给我们的只是片面的感觉与事件，而且它们的顺序将来也可能发生改变，但我们借助人类所特有的“思维能力”可以把感觉加工成观念，使纷杂的经验变成有条理的思想，这种经过人类思维加工过的观念和思想则属于绝对主观经验。所以，绝对主观经验也是绝对主观知识；当这种为欲望所驱动、为欲望而服务的知识不能使主体获得满意时，便出现一种知性匮欠，由这种知性匮欠产生的欲望便是求知欲。求知不是为了求伪和求虚，而是为了求真、求实和求效，也就是为填充知性匮欠而寻求填充物的实有、实效与满足。可以说，由主体自我无知或少知造成的匮欠而寻求知之的欲望便是求知欲，而由主体自我所知而产生的新的欲望形式便是知性欲望。

宇宙中的一切事物都存在客观七性信息。比如一个苹果作为一个特定事物的客观七性为：其空间含义包括长在或放在什么方位、高低、远近等信息；其时间含义包括什么时间结出的果实、还能保存多久或什么时间出现、什么时间消失等信息；其状态含义包括形状、色泽、饱满度、大小、重量等信息；其过程含义包括生长历程、受粉过程、成熟经历和被采摘或被购买过程等信息；其结构含义包括果皮、果肉、果核、果蒂以及内部由碳水化合物、果胶、维生素 A、C、E 及钾和抗氧化剂等物质组成信息；其关系含义包括生长期间与树、虫、阳光、风、土壤、肥料、农药、人或动物等其他各种事物之间的关系，也包括采摘后与其他人或物之间的关系等信息；其功能含义包括对其他生物营养或能量的补充功能，以及对其他事物的引力功能、干扰功能、影响功能等信息。这些都属于客观七性信息。

一旦这个苹果被人类感官所捕获，那么这个苹果所具有的客观七性信息就会有一部分演化为智能层面中的中观信息了。当有欲望参与进来，则其中与欲望有关的那部分信息就会转化为绝对主观信息了。绝对主观信息的意义主要体现在欲望性用途上，比如它具有满足食欲、增加营养能量、延长生命的用途，或用来做样本供学生素描，或为了观赏，为了科学研究，或利用其重量调整杠杆的平衡等等，其欲望属性所包含的意义带有明显的主观功利色彩，主观上赋予它什么样的欲望意义便会具有什么含义。从中可以发现，用途是由其客观存在的功能属性在欲望力所指引的方向上演绎而来的。

而这个苹果对于满足特定主体欲望是否具有意义，还与其他包括空间属性、时间属性、状态属性、过程属性、结构属性、关系属性、功能属性等密切相关。如果有人知晓了这个苹果的存在信息，但空间距离遥远，则远水不解近渴，对欲望没有实际意义；如果生长时间不到期或采摘后放置时间太久了，或者形状抽缩干瘪，色泽不佳，或者内部结构中果肉已经被虫子嗑光或已经腐烂，其欲望意义就不会停留在食欲上了；如果其过程属性尚处于未成熟的生长期，味道酸涩，则其食欲意义也会降低；如果已经与其他事物有了关系，比如已被别人拿走或者上面被喷了农药，则也意味着食用意义的扭曲；如果其功能主要是用来增加糖分，那么对于患有严重糖尿病患者可能也意味着其食用意义发生改变。

这些客观属性一旦被人类所感知，便演化为与之相对应的主观属性，并对欲望的主观属性具有决定性作用。

神经感觉特别是人体感官数量的有限性、感官作用的有限性、大脑神经功能的有限性，以及客观世界的复杂多变性，导致了人的大脑对客观信息的感应能力、捕捉能力、反映能力、传导能力、存储能力、表象能力、思维能力、信息加工处理能力也都具有天然的局限性，这就使得人对来自于内部感觉的抽象性中观信息和来自于外部感觉的影像性中观信息的反映，以及欲望性主观信息的加工都不可避免地存在着天然的笼统性、模糊性、残缺性、片面性、歧义性和局限性。

这同时意味着，中观信息在内容的多少上往往大于主观信息，而且二者在清晰性、准确性和全面性等方面都要比外在的客观七性信息本身要粗糙得多，低劣得多，模糊得多，浅显得多和少得多，甚至存在着很多这样或那样的偏差、失误、失真甚至错觉。比如夜晚将一根树桩看成一个人影，或者将一个类似苹果的圆形物体误当作苹果来理解，就是由大脑映射过程所具有的模糊性造成的偏差、失真和失误。即便是一个真正的人影或苹果，由于其本身便具有客观七性信息，就某一个特定的欲望主体而言，只能关注其一两个方面的属性，不可能将其所具有的七大属性全部透视而为我所知和全部拿来而为我所用。甚至有的时候因为感知不清楚，判断不准确，而造成所用不当的情况发生也在所难免。

但不管怎么说，中观信息作为主客观之间互动的“使者”，已经兼具了主观与客观的双重身份，并成为客观变主观的摆渡船和跷跷板。而欲望在这其间起到了对捕捉客观信息和加工主观信息的驱动作用、引导作用和注意作用。离开了大脑，客观世界不可能变为主观世界；离开了人的欲望，客观世界也就不可能从无意识阶段发展到有意识阶段，甚至失去了存在或者不存在的主观意义；离开了客观信息，人的感官神经功能也就不再有任何信息进入，最后只能自然萎缩、退化或消失，人类的主观世界也就无法形成了，以至于导致客观世界在主观的意义上也不复存在了。这也可以证明笛卡尔的“我思故我在”的观点也并非纯粹唯心主义的申辩，而是对于主观世界与客观世界之间关系的一种理性认识和哲学表达。

我认为，人是主观世界中的存在，离开了主观世界，人也就不能称其为人，而只能是中观世界中的一个影子或客观世界中的一种动物、一种植物、甚至一种简单的物质。这个观点究竟是唯物主义还是唯心主义的问题似乎无须辩解，但不信服我这种观点的人，却可以试想把自己的大脑解剖掉，就会知道自己将是一种怎样的存在，那种存在究竟是主观世界中的人的存在，还是中观世界中的影子的存在，或者是客观世界中的纯粹动物的存在，似乎已经不需要我们再费心思去做更多的考察和实验。

关于主观世界形成理论的基本架构，我除了在欲望动力心理学书系《欲望与认知心理学》一书中有所阐述之外，还在《欲望与精神心理学》一书中有更为集中、更为具体和更为全面的论证过。如果将这两个分册统合起来看，就会得到前后一贯的科学判断、脉络一致的逻辑推理、主客一体的理论模型。

客观匮欠嬗变可演绎为主观欲望，这是人类生活中的一件大事；而客观信息经由欲望的驱动而在大脑中递变为主观信息，这又是一件大事；主观信息最后递变为主观意识和主观精神，这事件简直比天地还要大了。

这是宇宙造化、太上感应的超天神功。这种神奇的变化，比这个世界上的任何物理变化、化学变化、生物变化、生化变化、刺激效应变化等都要高级得多，复杂得多。这种变化我们称之为主客互动效应变化，这是在人体内外通过神经反应而发生的集物理变化、化学变化、生物变化、生化变化、刺激效应变化之大成的神奇的主客体互动性效应变化。正是有了这种变化，人类才开始大踏步地迈向了主观世界的平台和精神世界的领地。

这种超越天地的变化神功只有在生物性的大脑中才能发生吗？在计算机上是否也可以发生同样的事件？我们可以按照这个视角和思路考察一下：计算机也是通过电、磁、光等物理现象进行信息传输、信息存储与信息处理并进而实现特定“想法”的，但这个“想法”还仅仅是人的“想法”，还没有真正变成计算机自己的独立的“想法”。即便是机器人，其信息传导、存储和处理的结果也仅仅是动作，在动作之上显而易见还缺乏欲望的环节。即在信息处理与动作之间，缺少一种关键力量，这就是欲望，即计算机本身只能占有七性信息，而不能占有欲望性信息，这欲望性信息并未存在于计算机内部，而只是存在于计算机外部的人脑中，这也是目前人类与计算机之间最大的不同，也是计算机无法具有人的创造性思维的根本原因之一，说明人与机是不能分离的。

所以，我敢说，人类一旦解决和赋予了计算机的欲望功能，也就变成了计算机的真正的"上帝"。

客观信息转化为主观信息，其间的介质则是人或动物的神经及其所捕获的中观信息，即第一次衍射或映射于人脑且尚未夹杂任何欲望因素的信息资料。如果我们把人的神经系统比作一台结构复杂、功能齐全的照相机或摄像机，那么，客观信息转化为主观信息的过程不限于照相机或摄像机第一次对客观事物进行拍摄的过程、对拍摄的影像进行传导和存储的过程，也包括事后将业已存储的表象赋予特定欲望意义的过程。

事实上，人或动物的神经系统远比照相机和摄像机复杂得多，其功能也多得多。不限于客观事物的视觉性图景、听觉性声音、味觉性味道、嗅觉性气味、触觉性硬度、温度、光滑度，也包括内觉性感受、情觉性体验、理觉性观念、灵觉性预见，等等。这些觉性认知显然具有一定的层次性，一层比一层更高级，一层比一层更复杂，一层比一层更精微，这些觉性认知的内容离不开对外在客观信息的映射、传导和存储，而后在中观层次经由欲望的驱动而上升为主观信息，亦即在外部感觉对内部感觉的回馈性感应、呼应过程中，以表象、联想、想象、判断、推理、感悟等形式来实现的。

我们知道，一切客观信息只能经由两个渠道进入人类的大脑，一个是内部感觉渠道，一个是外部感觉渠道。一般地，内部感觉信息亦即内觉性信息包括饥、渴、痛、痒、麻、晕等信息瞬间通过中观媒介之后，即直接转化为内觉性欲望。但外部感觉信息包括影像、声音、味道等信息则有所不同，其进入中观媒介之后，有一部分可以与内部感觉信息构成回馈性感应、呼应关系，并藉此产生感性欲望或知性欲望，进而变成有意义的主观信息；除此之外，另有一部分则不能与内部感觉或内觉性欲望构成回馈性感应、呼应关系，因此也不能产生欲望，不能转化为主观信息，不含有主观意义。

下面我们将客观七性信息和主观七性信息理论做一下更为详尽的讨论。任何信息，特别是外部感觉映射的影像性信息，都包含着七个维度的客观属性或客观意义。

第一，它具有空间位置序列意义。任何信息或影像的投射都具有一定的空间意义，包括信息所代表事物的方位来踪、规模大小以及质量、重量、密度等等，没有空间意义的信息是不存在的。

第二，它具有时间节点序列意义，任何信息或影像所代表的事物的形成都具有一定的时间意义，包括出现时间、存在时间、发展时间、变化时间、映射时间、作用时间、消失时间等等，没有时间意义的信息或影像是不存在的。

第三，它具有非自我性的独特的存在状态意义。一个信息或影像映射后，总会展现出该信息或影像所代表的事物特有的形状、色彩、形态、气味、刺激方式、刺激程度等可视可感的状态属性意义，昭示它是什么，怎么样，有哪些可见可感性的特点等。

第四，它具有非自我性的独特的内外结构意义，即每一个信息或影像所代表的事物都具有独特的质能结构层次和构成机理，包括构成要素、组合原理、结构方式、形成原因等等。

第五，它具有连续性和层次性的过程构成意义，包括发生、发展和消亡的过程，以及过程运行的节点和逻辑层次。

第六，它具有与其他某些事物构成联系的意义。我们头脑中已经积累的一部分信息或表象，代表了某些相应的事物，而即时映射的信息或影像所代表的事物与先期存储的信息或表象所代表的事物可能存在某种特定的联系，从而对大脑中既存的信息或表象产生链接和激活作用。这些既存的信息或表象一旦被激活，就像吃了春药一样兴奋起来，活跃起来。

另外，任何信息或影像都不会是孤零零地投射在大脑中的，总是具有一定的时空背景、场景和环境，总是与周边很多事物连在一起而展现出来的。该信息或影像所代表的事物在特定场景中处于什么地位、对于周边环境产生怎样的影响？或者周边环境对于该事物产生怎样的影响？都可以通过关系属性求得答案。

第七，它具有特定的功能用途意义。任何客观事物都具有特定的功能，任何功能对于自我而言都是有方向性的，其方向就是主体自我的欲望方向（或正欲望方向或负欲望方向），不在欲望方向上运转的功能是没有意义的，因此也不会成为主体自我有兴趣关注的对象。一种事物的功能或者对欲望有利，或者对欲望不利，不管二者居其一，还是二者兼具（即利害共存的情况），都与欲望正负两个方向密切相关，并产生推动或者阻碍、有益或者有害的干扰作用。而与欲望毫无关系的功能在主观世界范围内是不存在的。

一个信息或影像所代表的客观事物必然具备一种或多种功能，这是由事物必然具有的质能结构决定的，有什么样的质能结构便有什么样的功能、用途、作用，有什么样的功能作用便会产生什么样的欲望需求，有什么样的欲望需求便会产生什么样的主观意义倾向和主观认识视角。

同样的，任何一个信息或影像在大脑中复现之后，其客观属性即可变身为具有欲望意义的主观属性。这样，在纯理论上来看，客观七性信息也就演绎成了主观七性信息。主观七性信息具有如下特点。

第一，大脑中存储的信息或表象所代表的客观事物，在其最初衍射或映射的过程中必然具有特定空间属性的客观存在意义，在特定欲望力的驱动和干扰下，主体自我必然以自身所在位置为中心，而建立确认该事物存在性的参照系，并由此形成对于该事物特定空间序列位置的存在性认知意义。

这就为主体自我抵达欲望目标提供了方位索引、距离索引、选择标准索引、难度系数或安全系数索引，进而使主体自我明确了对于特定欲望目标的全息性欲望意义。这时，客观信息也就转化成了主观信息。

比如，你来到某座山上，突然看到了一群狼在捕食一头野牛，你头脑中不仅形成了这座山的空间位置和空间形态的表象，也形成了这座山有狼和野牛出没的表象，并由这些表象产生了对狼群的恐惧感，甚至联觉性地产生了对这座大山的恐惧感和敬畏感，其中所蕴含的危险性意义必然嵌入主观世界的层次结构之中。假设你是个猎手，不管是以狼群为目标，还是以野牛为目标，你必然要根据自身所处空间位置而对狼群袭击野牛的大山方位做出各种可能性的判断，并由此出发而选择有效的捕猎方式、捕猎策略、捕猎行程和捕猎计划。这一切主观判断、主观选择的内容均为客观事物的影像性信息所具有的空间属性决定的。

第二，大脑中存储的信息或表象所代表的客观事物，其最初衍射或投射过程必然具有特定的时间属性意义，不限于主体对特定事物信息的映射时间的节点性认知意义，即某特定事物是在什么时间节点上出现的和被感知到的，并据自我所处时间序列的现在时位置为节点而建立确认该事物出现时间的参照系，从而对事物信息衍射或映射的过去时的节点性坐标位置，做出基本判断和确信，并形成其过去时的动态性记忆。

当然，除此之外，还包括所映射的客观事物发生、发展和消亡的时间节点和时间过程的认知意义，这为主体自我满足特定欲望提供了时间谱系的过去时、现在时和未来时的坐标位置的主观判断、主观确信、主观选择、主观界定范围和主观遵循标准。这时，客观信息也就转化成了主观信息。比如桃树和石榴树开花的时间节点和结果的时间节点都是不一样的，大脑由此形成的表象必然对其开花结果的时间产生特定的认知意义，从而为主观选择赏花时间和采果时间提供了标准和依据。这种时间属性意义对于主体自我的审美欲或食欲等欲望形式的满足，必然在主观决策方面产生影响。

以上两个属性为主体自我确定某一特定信息所代表的客观事物的空间存在性意义和时间节点性意义，使得主体自我可以根据自身时空坐标和客观事物目标的时空坐标，按照趋利避害的欲望方向有效调整自己的行为节点和行为方式。

第三，大脑中存储的信息或表象所代表的客观事物的状态属性一旦遇到欲望力冲击，就必然会沾染上与特定欲望有关的主观色彩。其形状、色彩、声音、味道、气味、触感、刺激方式、刺激程度等状态属性，必然成为建构主观世界的基本元素，并深刻影响个体自我对这些信息或表象所代表的客观事物的有利性、有害性或审美性等欲望意义的基本判断，进而影响对欲望满足行为或方式的主观选择。这时，客观信息也就演化成了主观信息。

比如，你在饥渴时看到一杯像水一样的液态物质，就会不由自主地靠近前去试图饮用它，当端起杯子后，一股浓郁的酒精气味立刻让你的主观选择发生了方向性改变，你只好放下杯子，不得不另外去寻找和选择其他水源。这一切可能仅仅发生在十几秒钟的时间里，却使你的主观判断方向和主观选择方向发生了180度的大转弯。前者依据视觉状态，你判断杯子里装的是水，由此做出了用它来满足饮欲的主观选择；后者依据嗅觉状态，你判断杯子里装的是酒精，由此做出了不能用它来满足饮欲的主观选择。两个完全相反的主观方向的确定，均是由客观物质所特有的状态属性的信息、影像或表象决定的。

第四，大脑中存储的信息或表象所代表的客观事物的结构属性在受到欲望力的冲击之后，也一样会对主体的主观世界产生这样或那样的影响，从而使客观信息转化成了主观信息。

比如，杨梅果实的质结构含有大量的水分、糖分和少许的酸成分，吃过杨梅的人必然在大脑中形成关于杨梅内部结构的味觉表象和视觉表象，这一表象所包含的客观意义在欲望力的驱动下就会自动转化为主观意义。南朝宋刘义庆《世说新语·假谲》篇中写道：“魏武行役，失汲道，军皆渴，乃令曰：‘前有大梅林，饶子，甘酸可以解渴。’士卒闻之，口皆出水，乘此得及前源。”“望梅止渴”的典故所表达的即是由士兵对梅子的听觉表象转化为视觉表象及味觉表象（这也是心理学中常见的联觉转化现象），并进而转化为主观意念，正是由于渴引起的饮欲的驱动作用，使得不同感觉之间发生了互感互应、互通互动的连锁反应，从而产生了精神变物质或物质变精神的质能转化效应。

第五，大脑中存储的信息或表象所代表的客观事物的过程属性在受到欲望力的冲击之后，也必然蕴入主观含义。任何事物都是一个特定的时空连续系统，都必然地在时间序列上以特定的过程性方式存在着。每一种信息或表象所代表着的客观事物，其发生、发展和灭亡的时间过程和层次过程都存在着明显的差异，有的长一些，有的短一些，有的经历某个阶段，有的不经历某个阶段。

比如世界上每一种动物的繁殖过程都各有千秋。人类繁殖要经历交配过程、受孕过程、十月怀胎过程、生育过程、抚养过程，而章鱼或蝉的繁殖过程却非常另类，不但交配方式、受孕方式、怀胎过程、生育过程等大不相同，而且它们一生只能有一次繁殖机会。不仅如此，其生育后不久即宣告死亡，根本没有抚养过程。由于客观事物的过程属性各有差异，这就使得大脑对于客观事物的信息或表象必然涵盖着其过程属性的认知意义，并根据不同事物所具有的不同形成过程、发展过程及其层次演进过程而做出与之相对应的主观判断、选择、决策和行动，从而使得事物过程属性的信息或表象成为主观世界中不可缺少的构成元素。这时的客观信息也就转化成了主观信息。

第六，大脑中存储的信息或表象所代表的客观事物的联系属性在受到欲望力的冲击之后，也不可避免地在大脑中形成与之相对应的表象形式。大脑对于事物之间联系属性的反应并不局限于外在事物，也包括自我与外在对象性他者之间的联系，还包括自我内部生理环境与外部客观环境之间的联系，更包括神经反应、欲望反应与外在事物之间所构成的感应性联系，即心理世界与物理世界之间的联系。这些联系得以建立的纽带并不在客观事物之中，而在于自我主观世界之中即欲望性关系的反应上。没有欲望，一切联系便没有任何主观意义，没有任何方向性，没有任何作用。

即便是地球围绕太阳运转的联系亘古常在，如果没有人类神经和大脑的参与和认知，它们的联系便没有任何主观意义，其有用或无用或许只对上帝有意义，却不能对人类产生任何作用和影响。这就使得客观信息只有在欲望驱动下而向主观信息发生转化之后才能具有主观意义。

鉴于人类具有神经和大脑，并且又深陷于外在客观环境的包围之中而无法脱身，或者说，任何个体自我都是外在客观环境的一部分，同时，外在客观环境也是成就自我的一部分，这就使得外在客观事物所存在的一切联系都可能会对我们的欲望和主观世界产生干扰和影响。而由欲望所辐射到的世界，才是对主体自我具有意义的世界，由欲望所辐射到的联系，才是对主体自我具有意义的联系。除此之外的世界或联系便都游离于自我欲望场之外，因此对主体自我没有任何实际意义。

也正是由于客观世界所存在的联系的复杂性、交叠性、繁琐性、运动性、变化性、对立性和统一性，所以在其映射于大脑之后，也必然导致我们人类自身主观世界产生与之相对应的和相对称的复杂性、交叠性、繁琐性、运动性、变化性、对立性和统一性。

正是这些聚拢在欲望场之内的各种事物的联系属性，构成了我们人类主观世界包罗万象、纷纭繁复、风云变幻、异彩纷呈的基本风貌。比如，阳光与大地有联系，当阳光照射在大地上，温度会增加，植物会生长，会开花结果，而人具有温暖欲，需要阳光照射，具有食欲，需要植物的果实充饥，即便阳光不能照射在人身上，人也依然希望它能够照射在大地上。这样，阳光与大地的关系映射于人的大脑中便具有了十分明确的主观意义。

由于欲望是主观世界的第一推动力（这是我在本书系中采用多种科学方法已给出严谨论证的观点），这就使得人类主观世界从产生的根源上便存在着匮欠与目标之间相互对立与统一的矛盾运动关系，匮欠与目标的对立与统一是主观世界得以确立的基本平台。没有欲望（欲望在神经系统的主观辐射之下以匮欠与目标的二象性形式存在），便没有驱力，便没有主观世界的运动，更没有主观世界的运动方向，更没有主观世界得以产生的基础。

由欲望驱动、支撑并决定的主观世界内部所具有的对立与统一的矛盾运动关系，是由内而外的本源性激励关系。除此还有一种本外性激励关系强行嵌入了人类的主观世界之中，即外在客观世界所特有的对立与统一的矛盾运动关系在大脑中的映射性反应。这就使得人类主观世界同时蕴藉着双重、双向、叠加和互动的内外激励关系。

从内在匮欠到外在目标是第一个驱力方向，其所建立的关系是由内而外的本内性激励关系。但任何目标都存在于外在客观环境之中，并与其他客观事物存在着千丝万缕的联系，从外在目标到内在匮欠是第二个驱力方向（或称为引力方向），而沿着这个驱力方向投射到大脑中的信息或影像不限于目标本身，也包括目标顺带裹挟着和夹杂着的其他相关事物的信息或影像。这就使得外在客观事物所具有的对立与统一的矛盾运动关系的信息或影像也一并衍射到大脑之中了，并由此形成了第二层次对立与统一的矛盾运动关系，即由外而内的本外性激励关系。

这就在同一个自我之中出现了两个关系层面，而且，这两个关系层面也不是隔离的和平行的。其中，第二个本外性关系层面的内容一旦进入大脑，便必然与第一个本内性关系层面的内容交织混合到一起，纠缠振荡在一起，从而形成内与外相互交织的矛盾运动关系，这是在人类大脑中产生的第三层次的关系，我称之为交织性激励关系。

这就意味着，在同一个主观世界范围内，来自于两个关系层面的客观性对立与统一关系，必然跃升到第三个关系层面上发生交叠、碰撞、互联、互动，甚至结姻、交媾、私通，并由此生出新的“孩子”，形成新的感应、新的表象、新的欲望、新的知识、新的想法、新的理念。

因为一切客观事物都具有相互联系的属性，所以，个体自我始终处于联系与被联系的胶着状态。某个信息或影像一旦生成，主观上便会产生该信息或该影像所代表的事物与自我关系的反应，是否对我有所成全或有所助益？是否对我构成威胁或伤害？是否可以满足我的欲望或者妨碍欲望的满足？是否可以为我所用？等等，都是自我与他者之间所存在的关系意义的反映。

同时，一切关系都会在欲望方向上产生顺势或逆势的干预作用或掣肘作用，并由这种作用而激发情绪反应。反过来，情绪的反作用力又必然干扰各种信息或影像的映射效果和主观评价，心情好时生成的信息或影像与心情不好时生成的信息或影像，在构建主观世界的层次结构上，必将产生程度不同甚至方向不同的意志反应。鉴于内在信息或表象所具有的心境映衬意义和干扰意义，当其他外在信息映入大脑时，其审美意义、道德意义和利害关系意义，总会与自我心境相互映衬，与情绪反应相互干扰。

所以，关系属性为人类自我对事物的属类比较、划分及其功用，提供了可资依循和可资鉴照的界限与标准，它是谁？属于谁？与记忆中哪些信息或表象相同、相似、相近、相称、相应、相异或相反？对于自我具有何种用途？对于这些问题所能给出的答案，其实都是个体自我在欲望方向上赋予其上的主观意义。

第七，大脑中存储的信息或表象所代表的客观事物的功能属性也只有在欲望力的驱动下才具有主观意义，凡是对欲望有作用的功能，不管是正面的功能，还是负面的功能，都会因为它促成了欲望的产生或干预了欲望的满足而跃升到人的主观世界之中，并形成对自我欲望有利或不利的主观判断标准和行为选择方式。这时的客观信息也就演化成了主观信息。

对欲望的激发意义、满足意义，或新鲜感刺激意义，或审美体验意义都来自于客观事物所具有的功能属性。一方面，任何信息或影像所代表的客观事物都是与人类个体自我相映相衬、互联互通的一部分，主体针对外在客观环境，必然首先为满足特定欲望而寻求填充物目标的可能性。一旦这个目标被锁定，那么，主体便会自动赋予其有特定用途的欲望意义。另一方面，人类的求知欲是与自身神经智能相伴生的产物，且具有时空连续性和全息性，是一种不间断、不休止、全方位、全维度、全层次的欲望表现形式，是贯穿人类所有欲望形式、欲望层次和欲望属类的中轴线，对人类自身所有欲望形式和欲望方向都具有连通性、辐射性、求索性、透视性、指导性、辅佐性、干预性、修正性和证验性。只要人类有神经智能存在，其求知欲就不会终止和消亡。

三、人类主观世界的伸展方向

值得一提的是，大脑中存储的信息或表象，所代表的客观事物目标的欲望属性是一种特殊的属性。其之所以特殊，就在于欲望缘于内在匮欠与外在目标所构建的二象性关系，使得人类个体不仅具有自我性，也同时具有自他性；不仅具有内在性，也同时具有外在性；不仅具有我在性，也同时具有他在性；不仅具有主观性，也同时具有客观性。

匮欠与目标就像拴在一根绳上的两只蚂蚱，一只蚂蚱名叫匮欠，另一只蚂蚱名叫目标，拴着它们的这根绳子也不是别的，而是人类所特有的神经感应的丝线。只要在自我内部感觉这一头拴上了匮欠的蚂蚱，那么在外部感觉那一头就必然会拴上目标的蚂蚱，一者跃动，另一者便会受到牵连，受到纠缠，受到振荡；一者消亡，另一者也便不复存在。这两只蚂蚱所存在的互动效应、纠缠效应、振荡效应，构成了欲望运动与流转的基本形态，同时也是呈现在人类主观世界中的一道奇异的风景。这道风景的魅力展现生动鲜活，且严格遵循欲望感应原理。

正是欲望促使自我与外在对象性他者建立了联系，在内与外之间连接着一条看不见的丝线，由此产生了一种看不见摸不着的神经智能场域。在智能场域之内，神经的丝线（可称为感应线或欲感线）将内在匮欠性事件的感知传导给大脑，经大脑确认后做出了拒绝匮欠和填充匮欠的应答性反应，并由此而与外在目标形成了一种特殊的欲望场效应。欲望场再转化为智能场，而后再转化为心理场、意识场、观念场、精神场和行为场，场的转化过程遵循能量转化与守恒定律，从而使物理学与心理学一脉相承，实现了从客观刚体宇宙到主观虚体宇宙的有效衔接、呼应与对称。

可以说，欲望是人类大脑凭借神经功能将自我内部环境与自我外部环境，或将自我内在主观世界与自我外在客观世界穿越时空般地呼应起来、勾连起来、对接起来、连通起来、联动起来、互补起来的桥梁、纽带和牵手。

没有欲望，人类个体自我便不会隔跨时空而与外部客观世界产生主观上的感应和联系，便不会驱动自我去“啮噬”外在的他者，并因此而深受着外在性他者的掣肘、牵制和影响。欲望是人类主观世界的第一驱动力，正是欲望所具有的内外互动性决定了人类主观世界的运动形式、运动差序和运动规律。

这就意味着，主观世界是人类在欲望平台上建立起来的一道瑰丽奇峻的风景，欲望的驱动力必然决定了主观世界的运动方向、演绎机制、结构秩序、组合原理和建设标准。换句话说，主观世界的伸张方向即是欲望方向。由此我们有理由确认，凡是进入个体自我欲望场之内的一切事物，都必然地或多或少地对个体自我产生主观意义。这一点完全符合我在本书系《欲望与精神心理学》中提出的万有感应定律。

对于欲望内部所存在的正负关系，我已经阐述得足够多了，即内部匮欠为负欲望，外部填充匮欠的目标为正欲望。

有鉴于此，我们可以照此推论下去：凡是顺应正欲望方向运行和发展的事物，都是对自我有利的正目标、正信号、正刺激，并可以转化为正影响、正作用、正干扰、正情绪、正舒适；相反，凡是逆应正欲望方向运行和发展的事物，都是对自我有害的负目标、负信号、负刺激，并可以转化为负影响、负作用、负干扰、负情绪、负舒适。而对于负欲望而言，则正好相反，凡是顺应负欲望方向而动的事物，都是负目标、负信号、负刺激，并可以转化为负影响、负作用、负干扰、负情绪、负舒适；而凡是逆应负欲望而动的事物都是正目标、正信号、正刺激，并可以转化为正影响、正作用、正干扰、正情绪、正舒适。当匮欠 + 目标 =0 时，正负相抵，欲望消失，一切正负关系也随之不复存在。

比如你在北京想要乘飞机去罗马，正好赶上了一个碧空如洗的好天气，而且飞机准时起飞，这为你的罗马之行提供了有利的保障。那么这个好天气和飞机正点起飞的条件便是出现在你成就罗马之行这一欲望场之内的正事物、正信号、正刺激，并由此转化为正影响、正作用、正干扰、正情绪、正舒适。

反之，你若赶上了一个非常糟糕的阴雨天，且又逢飞机误点，那么，这个阴雨天和飞机误点的条件便是出现在你成就罗马之行这一欲望场之中的负事物、负信号、负刺激，并由此转化为负影响、负作用、负干扰、负情绪、负舒适。而对于一个以种庄稼为生的农民来说，这个阴雨天可能意味着一件好事，提高了秋天获得一个好收成的几率，是一个正事物，正信号、正刺激，并由此转化为正影响、正作用、正干扰、正情绪、正舒适。同样的，对于一个因故迟到的登机者来说，飞机误点反而成全了他的行程，对他而言则又变成了一个正事物，正信号、正刺激，并由此转化为正影响、正作用、正干扰、正情绪、正舒适。

这就是说，人类一切主观反应都是在欲望正反两个方向上的矛盾性反应。不限于人的心理、意识、思想、观念、理性、精神，也包括人的情绪、心情、感情、态度、脾气等等，都是主体自我神经系统对于欲望正反两个方向上出现的事物所做出的矛盾性体验和矛盾性反应。社会上的斗争哲学与心理上的斗争哲学完全遵循着来自于人类最底层的欲望能量转化原理。所以，我们可以肯定地说，人类主观世界和人类社会面貌总是在欲望力所指引的方向上展开，而没有欲望力支撑或没有欲望力指引和驱动的主观世界或社会面貌是根本不存在的。

这说明，人类主观世界的运动和人类社会的运动是有方向的，这个方向不是别的，就是欲望，就是欲望力所驱动的方向。鉴于事物之间存在着相互联系的属性，当欲望力朝向特定目标对象发生作用时，必然会遇到这样或那样的干扰因素。这些干扰因素也必然在欲望力方向上产生或顺或逆的助力或阻力，而人类的情绪正是自我在欲望力方向上遇到的各种助力或阻力所做出的弹性反应。

我们发现，凡是对正欲望的满足起助益性、支持性、成全性作用的事物都必然带来正情绪反应；凡是对正欲望的满足起阻碍性、抵制性、抗拒性、破坏性作用的事物都必然引起负情绪反应。

比如你在一个地下室里憋闷了整整一个上午，想到外面散散心，走出去一看，外面阳光明媚，桃花灿烂，春色满园，你的心情会立刻变得舒畅起来，听到的鸟叫声也像美妙的音乐一样悦耳，这时就连你的身体仿佛也变得格外轻松。相反，同样是为了出外散散心，当你走出地下室，推门一看，如果发现外面天昏地暗，阴雨连绵，凉气袭人，你的心情会立刻变得郁闷起来，并不得不因此而打消外出散步的想法。

在人的主观世界形成过程中，一种感觉引起的主观反应总会产生联觉效应，看到一片好景色，嗅到一股好气味，听到一段好音乐，或者相反，看到一堆烂垃圾，闻到一股臭气味，听到一段聒噪声，都会使其他感觉产生与其欲望方向一致的联觉反应，并弥散到整个身心之中，进而在主观世界产生连锁反应。这种反应显然也是欲望感应原理演绎的必然结果。

下面我们用欲望动力心理学理论分析一下在大陆流行多年的歌曲《舞女》，看看人的主观精神世界与欲望方向之间所存在着的微妙的激励关系：

多少人为了生活
历尽了悲欢离合
多少人为了生活
流尽血泪

辛酸向谁说
啊，有谁能够了解
做舞女的悲哀
暗暗流着眼泪
也要对人笑嘻嘻
啊，来来来跳舞
脚步开始摇动
就不管他人是谁
人生是一场梦

这首歌之所以打动人心，不仅在于曲调的悠扬婉转之美，更在于歌词中所描述的舞女的尴尬处境所激起的听众的同情心理。

按照欲望动力心理学理论来解析，舞女在欲望方向上遇到了两难选择的困境。她不仅"为了生活历尽了悲欢离合""为了生活流尽血泪"，而且更不知道"辛酸向谁说"，其原因并不在于身体累，而在于心理累。

按照当时社会普世共守的价值观，做舞女绝不是一种体面的工作，而是为世俗所不屑，所以她们才深有感触地发出"有谁能够了解做舞女的悲哀"的慨叹。

但舞女作为一个独立的自我欲望体，当然也是多个欲望交织在一起和多个欲望场叠加在一起的复合形式。舞女伴舞的职业目标所对应的尊严欲与其所对应的生存欲之间，存在着显而易见的矛盾与冲突。

舞女尊严欲作为正欲望形式与其伴舞职业这一不为社会传统观念所接受的目标正好构成逆应关系，所以属于负目标，她缘于这一负目标所造成的心理困扰，只能"暗暗流着眼泪"；而对于她的生存欲作为正欲望形式而与伴舞职业这一足可带来生活保障的正目标正好构成顺应关系，她为了获得这一正目标所带来的有利性，又"要对人笑嘻嘻"。

这就意味着，即便同一个人处在不同叠加态的欲望场之内，同样的外在事物对其主观世界所产生的作用和影响也是大相径庭的。因此，在人类主观世界的备忘录中，正与负、好与坏、美与丑、优与劣、爱与恨、善与恶等倾向性评价原则都是由欲望方向决定的，都是建立在以对自我欲望有利或有害的标准之上的。

所以，一切主观反应、心理反应、情绪反应、意识反应、理性反应或精神反应都必然带有以人类自我为中心的人为的势利性色彩。人们满意或不满意，喜欢或不喜欢，怨恨或不怨恨，赞成或不赞成，反对或不反对，等等一切主观的内容、形式、原则、道理、伦理、法理、关系、规律、设置、用途、功效，也无一不是由这种主观势利性标准界定的。客观世界根本不存在这样或那样的理论、标准和原则，所有的理论、标准和原则都是人的理论、人的标准和人的原则，都是人为了满足自身欲望而制定和建立的主观认知模型和评价方式。

所以，在人类主观世界范围内，只有人理而没有天理。

如果创立日心说被冠以一种理论、标准、原则或者知识的话，那么，这个理论、标准、原则或者知识不过是人类主观世界对于客观世界的一种客观描述和真实再现，只不过它超越了人类既有的智能阈限而不能被一般大众所感知。如果我们每个人凭借肉眼而不需要借助任何仪器便都能看得清“地球围绕太阳转”的现象，就像看到水总是从高处流往低处的现象一样简单明了，那么，日心说理论便退变为妇孺皆知的小儿科观念，便没有了值得称道和用来说教的必要性，哥白尼也就不至于在人类科学史上占据如此伟大的地位。

然而，我们之所以将那些超过人类基本智能阈限的发现上升为一种被奉若神明的理论、标准和原则，完全是由主观世界额外做出的评价，只要是能够有效突破人类智能阈限、延长智能半径、并藉此拓宽主观世界范围和增加主观世界认知层次及认知预见的发现，便会被冠之以理论创新和发明的美誉。其实，在主观世界之外，你发现它或不发现它，它就在那里存在着和运行着，它本身并不是理论、标准或原则，一旦将智能阈限向外延伸一步，而发现的新的客观事物进入主观世界之后，因其对主观世界具有开拓延展之功，所以才会被人为地尊崇为理论，因其符合客观世界的本来面目，所以才设定为标准和确立为原则。显而易见，这一切都离不开主观参与的工夫和主观评价的方式。

现在我们可以简短地总结一下：欲望是一种驱力，外界事物信息进入自我欲望场之后，人类主观世界便开始风生水起。可以说，没有欲望，主观世界便如死水一潭，了无波澜，人类社会也必将死气沉沉，毫无生机。

第五章　欲望与知识
——知识与意识相互转化原理

正如苏格拉底所说："知识与'有'相关，知识的目的在于认识'有'的状况。"（柏拉图《理想国》。）而这个"有"是怎么出现的呢？答案很简单，就是凭借我们的内部感觉和外部感觉这两个智能武器捕捉和采集到的。客观事物以特定刺激的形式衍射或映射于我们大脑中，这就出现了"有"。而后我们沿着特定欲望方向而对这个"有"进行更多的感知和认识，便形成了知识。

但这个作为"有"的知识并不直接等同于客观事物本身，而是以内在抽象性的感受形式或外在形象性的映射形式移入并存储于我们的大脑之中了。一切知识，其实都产生并形成于人的内部感觉与外部感觉所存在的相互感应关系之中，来自于内觉性欲望与外觉性欲望的相互接应关系之中。

我们知道，内部感觉的辐射范域仅限于人的生理运动空间之内，其感知阈限的大小及其感知信息的数量是有限的，有定数的。每个人在其内部生理空间中所能捕获的信息都是大致相同或基本相近的。但人的外部感觉的空间范域却可以辐射到无限广阔的空间中去，其所映射的影像数量是无限的，没有定数的。人们喜欢到世界各地旅游甚至喜欢星际旅行并到处留影留念，其实就是利用外部感觉功能，享受有限映射带来的无限的快乐。

所以，人类大脑中所映射和存储的信息或知识，绝大部分都来自于外部感觉。但这并不意味着外部感觉的无限性映射可以逃避对内部感觉的呼应和回馈。不管外部感觉辐射的范围有多么广阔，最终映射的信息也终将与内部感觉及内觉性欲望实现有效对接与互动。只有这样才能产生特定的知性意义，才能变成对自我有用的知识。

要知道，没有内部匮欠，便没有内部感觉；没有外部目标，便没有外部感觉。因此，没有内部感觉对于匮欠的知，就不会产生外部感觉对于目标的识。知识就是在自我感觉系统和欲望系统所存在的这种内与外互应互动的关系中产生的。

正如詹姆斯在《心理学原理》中所言，一只无脑的鸽子即便站在谷堆上也会被饿死。因为它没有饥饿感，因而也不会产生食欲。即便它看到了食物，也不会识别食物的意义；同样的，一个毫无性欲的男人，不会对女人发生兴趣，不会认识女人的重要意义。所以，知识实为内部感觉的知和外部感觉的识构成的对应呼应、联通联动、互补互成的关系，或者说是内部感觉借助外部感觉在大尺度空间广域上的辐射、延伸和拓展。

由此可见，一个人在内部感觉一定的情况下，更多的知识则来自于其外部感觉在广阔空间范域内的影像性映射和信息性采集。映射和采集的越多，则知识也越多。这就意味着，一个人的经历阅历越多越广，则其所获得的知识也必然越多和越丰富。

我在本书系中有时会把信息或知识统统称为影像或影子，这虽然对于那些来自于内部感觉并只具有体验性或感受性的抽象信息名实不符，但为着叙述方便起见的缘故，却也一时顾不得那么多了。我想，读者诸君只要知道我们大脑中的信息有两个基本来源，并分别以内部感觉的抽象性形式和外部感觉的形象性形式出现，就不至于妨碍对于本书系内容和观点的理解。

外在客观信息一旦进入人类大脑中，便首先成为一种介于客观与主观之间互通互动的桥梁。所以，信息或知识最初作为客观事物的投影，既不是纯粹的客观事物本身，也不是纯粹的主观意识本身，而是处于二者之间的介质。一方面，客观世界投射的影像，不但激活了大脑的功能，而且作为信息或知识还进一步推动了人类意识的形成与发展；另一方面，不断提高的意识能力对信息或知识产生反作用，发挥着对信息或知识进行深度发酵、加工、梳理和去芜存菁的功能，实现了信息或知识的系统化、功利化、实用化过程，并将这种经过意识过滤的信息或知识表达出来，落实下去，形成客观化和外显性的人文事件。

一、知识与意识

欲望动力心理学认为，知识与意识不同，知识分客观知识、中观知识和主观知识，那些未能进入主体自我大脑之中的客观事物形态、属性、特征、关系、功用、机理、规律等信息都属于客观知识。当这些客观知识第一次以特定信息或影像的形式映射于大脑中时，便形成了中观知识或中观信息。而只有受欲望驱动的中观知识或中观信息才能在自我大脑之中形成表象性的知识，才属于真正的主观知识。而且，也只有主观知识才能成为构建和组合自我意识的基本材料，这些材料既承载着事物本身所固有的客观意义，也承载着主体赋予的特定的欲望性主观意义。

在欲望力所驱动的方向上，这些材料自动进行感应黏连、交叠碰撞、纠缠振荡、意义编码，形成表象、联想、想象、思维、判断、推理等一连串的意识活动，从而使主体自我获得特定的意识过程或意识结果。

这就是说，主观知识并不直接等同于主观意识本身，而仅仅是主观意识赖以寄身和赖以产生的信息性基础或材料性基础。

主观知识与自我意识都具有个体自我性，甲头脑里所具有的主观知识或自我意识，在乙头脑里未必存在，对乙而言可能仅仅是客观知识。同样的，乙头脑里所具有的主观知识或自我意识，在甲头脑里也未必存在，对甲而言可能也仅仅是客观知识。甲的知识是甲的知识，来自于甲所经历的那一部分客观世界；乙的知识是乙的知识，来自于乙所经历的那一部分客观世界。甲的主观知识不能替代乙的主观知识，甲可能学富五车，才高八斗，表明甲的主观世界博大精深，胸有丘壑，但乙的头脑里可能见识无多，不知丁董，表明乙的主观世界苍白黯淡，孤陋寡闻。二者即便都活过相同的年纪，但彼此所经历的成长环境、所走过的人生路线、所映射的影像信息、所遭遇的顺境逆境、所获得的经验体验等等，既存在着相同部分，也存在着不同部分，这就使得他们大脑中所形成的主观世界与其在客观世界中的经历阅历呈现出一种特殊结构的对称关系。

因此，在这个茫茫寰宇中，我们每个人头脑中的主观知识和主观意识都必然具有相关性、相同性、相异性、独立性、排他性、内隐性和不可见性。

但主观知识与主观意识还具有另外值得描述的不同之处，即主观知识不具有主动性和能动性，因为它仅仅是客观世界在大脑中的中观反映，原来什么样就是什么样，不能按照主观意志而随意改变。

但主观意识却具有主动性和能动性，可以按照自我意志支配、驾驭、剪辑和加工这些中观知识来为自己的欲望服务，可以沿着对自我有利的欲望方向而改变中观知识的意义赋予视角和层次结构关系，并为它做出符合自我意志的拼接和解释。这也是面对同样一个事物，不同的人总能够按照对自我有利的方式做出不同的解读或辩解，针对同一种行为总能够按照对自我有利的方式找出不同理由和不同借口的原因之一。我将这一现象称为以自我为中心的趋利性赋义法则，简称自我赋义法则。

另外，当中观知识转化为主观意识之后，内在隐性的、动态的、飘忽不定的意识还可以通过语言、行为、文字符号、图像、建筑等形式将主观意识表现出来，变成外在显性的、稳定态的主观知识。当这些主观知识变现为人文客观存在之后，对于其他人而言就变成了客观知识，其他人只有通过学习、交流，通过影像性映射、存储等方式将这些客观知识变为他们的中观知识，并在特定欲望驱动下形成他们的主观知识和主观意识活动。

由客观事物直接映射于大脑中的信息所产生的知性，可以称之为本始知识，即本于客观事物的真实影像并在大脑中保持原汁原味原模原样的中观知识和主观知识。

人们可以学知识，但不能学意识，人们可以传承知识，但不能传承意识。主体自我在欲望的干预下，对头脑中的本始知识通过表象、联想、想象和推理等意识活动过程，不断进行加工和处理，并将加工和处理的结果通过语言表达、文字记录、图像描摹、公式推演等形式推陈出新，吐故纳新，进而转化成新的主观知识，我称之为新创知识。新创知识与本始知识都具有可传承性，如所有人文建筑、艺术作品、书籍、公式、定理、原理等，都是人类意识转化为知识的成果，都是可以流芳后世的可传承知识。

从以上的论述中可知，本始知识是个体自我从外部客观世界直接移入中观世界或主观世界的照本宣科的知识；而新创知识是在本始知识基础上，沿着一定欲望方向重新开发、组合、拓展、演绎、推理而获得的新知识，并经过与外在客观知识的检验而确认其真理性。所以，新创知识是人类文明不断获得进步和上升的阶梯。

而新创知识一旦通过外在表达而变现为外在客观知识，便具有了社会传播意义和历史传承意义。我将这种业已变现为外在客观知识的新创知识，称为人类文明成果，或简称人类知识、人类文明。

主观知识和主观意识只存在于个体自我的内心世界，虽然具有个体“自知自想”的内在自我表达性，但随着个体生命的结束，这种意识活动也将随之寿终正寝。幸而主观知识具有可传承性，当主观意识化生为主观性新创知识之后，可以随时变现成文字、图片、建筑、仪器、工具，从而为推动人类文明进步创造条件。

那么，知识是如何变成意识的呢？比如一个从来没有见过楼房的人或对楼房一无所知的人，第一次看到楼房时，可能不知道这个庞大的建筑体为何物，有何种功能，但他可以根据外观的窗子或门之类的个别属性判断它可能是一座可供人进出或可供人居住的特殊的房子。楼房经过光影投射，而在他头脑中形成的影像首先不是一种意识，而是一种知识。由楼房影像中包括窗子或门等这些曾经感知过的个别属性，而判断为是一种房子，整个识别、分辨、判断、推理的过程，则是一种“意识”或“意识活动”；而后由自己对一般房子整体属性的了解而进一步推断里面可能会有厨房、床几等设施，这是由已知推断未知的意识活动过程。

看来意识与知识紧密相连，意识只能借助大脑中已有的知识而实现与相关事物及其影像之间的互动和链接；知识不能靠它自己来完成多种知识或多个表象之间的互动和链接，或多种知识、多个表象与现实影像之间的互动和链接，而意识却能很好地发挥这项功能，这也是意识具有主动性和能动性的根本体现。

以上我们进一步讨论了知识的概念界定、主观知识与客观知识之间的关系、主观知识的分类，主观知识与主观意识的区别与联系、人类意识的形成过程。从中可以清楚地看到人类意识的层次递变关系和内在演绎逻辑，这种层次递变关系和内在演绎逻辑也严格遵循宇宙层次论。

知识具有正确与谬误之分，由此可以证明知识具有主客观交合的二重性和复合性特征：一方面，知识来自于客观事物的属性、特点、关系，这些是客观事物本身自带的，固有的，不因主观意志而改变；一方面，这些属于客观事物的属性、特点、关系等东西，必须以映射到大脑中为条件，没有机缘映射到大脑中的，便不知不识，便一无所知，相当于无知识，无知识当然不能称其为知识，因为无知识，所以在推断事物关系时就难免会出现谬误。

比如，“地球围绕太阳旋转”是客观事实，是知识，但在没有人告诉你之前，在你不知道之前，它不属于你的知识，你甚至凭借一般性观察或人云亦云地认为“太阳围绕地球转”才是正确的结论。知识总是相对于个体自我而言的，相对于一个具体的人及具体大脑器官而言的。

如果相对于整个人类文明成果而言，所有图书馆里储藏的书籍内容、所有人文建设的东西都属于知识，所有客观规律、原理、公式、定律等等也都属于知识。但这些知识，对个体自我而言只有微不足道的很少的一部分才有可能通过学习而获取它们，才可能成为对个体自我有意义的知识。其他知识虽然也在图书馆里储藏着，在人文现象中蕴含着，在客观世界中模糊着，但对自我主体而言则是一无所见和一无所知的，不属于主观知识范畴，而只能是一种非自我性的客观存在，是一种在自我主观看来只具有知识可能性的客观存在。

我们有时说，图书馆是知识的海洋，去那里遨游吧。这里所说的知识不是针对特定个体自我的主观知识，而是整个人类不同个体所总结的知识的集合，对于具体的单独的个体自我而言，则是主观未知的客观知识。每一种客观知识都在未知与知之间以可能性、疑惑性、推测性和不确定性的形式外在于自我主观世界。

疑惑是天赋的人类意识肇始原则，疑惑是大脑发生主观推测性和意志期待性的特殊功能的体现。婴儿一出生第一次睁开眼睛便发出惊疑的目光。正是大脑内部与外部的信息不对称、不对等关系使人不断产生疑惑，使人产生了求知欲，存疑是天赋的人类知识匮欠性反应，是产生求知欲的根源。

人刚出生的时候，头脑中一贫如洗，面对包罗万象的大千世界，浩如烟海的知识海洋，在第一次睁开眼睛之时，便震撼，便惊诧，便疑惑。存疑的大脑按照自身欲望指向，自动具有提出疑问的功能。一个婴儿在熟睡之时，一声巨响会让他睁开惊讶而疑惑的眼睛，就说明存疑是人类的天性，但这时婴儿不会表达，因为表达要借助介质才能实现，这个介质便是知识，哪管是少量的知识。而婴儿通过自己先天挟带的眼耳鼻舌身五种简单的感官武器，就能初步获得影像、声音、味道、温度等简单的知识。

这些知识进入大脑而形成表象之后，便为他提供了实现简单表达的介质。这样，他的疑惑便首先在他的头脑中附着在表象的介质上而形成了一种极为简单的意识形态，一种极为简单的表达句式，婴儿心里的疑问冒出来之后受语言表达能力所限，只能依靠哭闹、皱眉、咧嘴、微笑、蹬腿、抓耳挠腮的简单方式表达出来，而无法实现充分合意的对外表达，但这时已经产生了意识的萌芽。

生理匮欠—神经感觉—各类欲望—简单影像—简单疑问—简单知识—简单表达，这个连锁递进的关系便是人类认知活动和意识活动形成的初级线路图。而任何疑问都是附带着判断展开的，一个疑问出现之后，在尚未获得答案之前，会从主观意识中自动生出各种可能性、揣度性、推测性的判断，不管这种判断正确与否，与实际情况符合与否。这些判断都会依据自我感知和既有影像资料自然而生。

这种来自于主观意识中判断性的东西，是建立在欲望基础上的，是附着在表象介质上的，是一种未被验证并等待验证的东西，这个东西也是一种纯粹的主观知识。在苏格拉底那里，管这种纯粹主观的知识只能叫做“意见”。

验证主观性新创知识正确与否有两种形式或途径。

第一种是以他人的主观验证自己的主观，比如自己提出一种想法、一种意见、一种观点、一种见解，拿出来与大家讨论，征求别人的意见，如果别人的意见与自己的意见相吻合，便得到了同样是主观性质的他人的验证，便更有信心地认为是正确的意见了；否则便依然疑惑而不得答案，不敢判断自己意见的正确性，或者没有信心继续坚持自己的意见。

尽管有人说过，“真理往往掌握在少数人手里”，但这不过是以一厢情愿的自我主观验证自我主观的悖论性的自我宽慰而已；或者找到或搬出一些名人名言来验证自己的意见和观点，或者用书本中现成的观点来证明自己的意见和观点。这些办法都是以主观验证主观的思维论证形式，这种思维论证形式只不过是以普遍证明个别的逻辑范式，是基于个体认识视野的局限性而试图将他人的认识视野扩充进来，补充进来，以实现认识的广延性和整合性，在一定程度上提高了对意见正确性与可能性的判断几率，从而增强了坚持自我意见和观点的信念。

一个组织或者社会管理者们为了拿出一个具有超前性的政策或意见，经常组织专家学者开会讨论，并特别重视每一位列席者的知识背景和专业特长，力求做到广聚贤才，博纳雅言，或者深入基层，调查研究，广开言路，集思广益，如此之类，不管是这些专家学者与基层百姓对意见如何评价、如何分析，都无过乎是以主观验证主观的知识验证模式。

验证主观性新创知识的第二种形式是实践，是把意见、观点、见解等主观知识放到客观实践中进行验证，这是验证主观性新创知识的终极办法，也是最有效的办法。

当主观意见与客观事物的实际情况完全吻合，就说明这个意见是完全正确的，这个主观知识是完全正确的，我们甚至可以用真理来赞颂它了；如果有一大部分是吻合的，另一小部分是不吻合的，就说明这个意见大体正确、基本正确或比较正确，可以在一定范围一定程度上认同它、采纳它和使用它；如果只有一小部分吻合，而大部分不吻合，就说明这个意见不切实际，偏差很大，谬误很多，不可采纳，不可使用，可以用不正确来做结论。这种不正确的意见一旦得到推行，就会造成很大失误，甚至造成某种灾难性后果；如果这个意见与客观事物的实际完全不符，就说明这个意见是完全错误的，甚至是荒唐的。荒唐的东西一旦成为认识的主流，就会把人们的世界观引向邪路，就会把人们的意识导入黑暗的深渊。

古希腊学者欧多克斯提出的地心说，后经亚里士多德、托勒密进一步发展而逐渐建立起了“地球是宇宙中心”的知识体系，这一荒谬的知识体系统治了人类世界观长达 1300 多年，直到 16 世纪“日心说”的艰难诞生，才迫使地心说寿终正寝。主观性新创知识与客观实际的吻合性是验证主观性新创知识的不二法门。

记得1978年5月11日，《光明日报》刊登了题为《实践是检验真理的唯一标准》的特约评论员文章。提出了“实践是检验真理的唯一标准”的论断，这个标准的提出在当时历史背景上被赋予了一定的政治内涵，旨在打破“精神万能”和“两个凡是”的神话，为后来召开十一届三中全会改变政治格局而精心筹划的舆论导向和思想准备。这里当然无涉政治，而是纯粹的学术讨论。而实践是检验真理的唯一标准不但符合认识论的经验论，也符合我在本书系中所提出的宇宙层次论。

二、知识部队：人类知识体系形成原理

人类个体自我处身于内外环境的交融性、循环性和连续性包围之中，并从内外环境不断变化的刺激中感知事物并汲取知识。

人的大脑（神经系统）就像一座营盘，大脑中枢是司令部，为了保卫自己同时也为了自己不断开疆拓土的欲望性目的，大脑司令便会驱使各路兵马为他的欲望服务。其中内部感觉神经（或器官）和外部感觉神经（或器官）就像大脑司令分别派往内部环境和外部环境中去抓新兵或壮丁的士官，来自于内部环境中的感受性刺激信息和来自外部环境中的影像性刺激信息，就像刚刚抓进来的新兵丁。当这些信息演变为大脑中的表象之后便可视为换上了自己营盘之军备的正式士兵。

我相信人生的每一次经历和经验都相当于自我与内部环境或外部环境中特定事物的一次接触和交往。那么，对于大脑这座营盘而言，这种接触和交往不啻为自我与客观事物的“敌人”进行一次实战性交火，其中由自我派出去的士官们（即各路感觉神经），既能在内部环境或外部环境中抓来很多新的兵丁（即感受性信息或影像性信息），也必然会使自己损兵折将，使一些战士丧命黄泉（遗忘），特别是遇到大的“战争”，

新抓获的俘虏更多，对这些俘虏招降纳叛是人类大脑司令部的特有功能，最后使这些俘虏也变成了自己部队的新兵，同时死伤的战士无数（遗忘）。

这些新旧表象合在一起，就相当于大脑司令部组建的知识部队。在这个部队中，有训练有素的工程兵、炮兵、信息兵、空军、海军、特种兵等等，也有一些没有任何特长的普通士兵。大脑中的知识也是这样，基础知识、普通知识、专业知识、有用的知识，甚至无用的知识，一应俱全，而且这些知识可以相互转换，就像士兵换岗、升职、降职一样。这就是盘踞在大脑中的知识部队。

我在这里换一个角度进一步总结一下关于知识与意识以及与自我意识之间的关系。

外界客观事物在大脑中投射并由此而形成直观的场景、影像、镜像、图景的过程，正是这些事物朝着中观知识转化的过程。

正像英国哲学家洛克在《人类理解论》中所言，“知识只能存在于知觉中，如果没有知觉，将得不到任何知识”“我们的知识不会超出我们的观念之外”（（英）洛克《人类理解论》第四卷，陕西人民出版社）。外界事物在大脑中成像正是知识女神垂临人类主观之门的开始。

这说明，在中观世界中成像不但是外界事物演变为内在知识而必经的环节，而且也是外界事物进入人类主观世界必须打开的第一扇大门，是人类从客观世界向主观世界过渡的第一个踏板。正是经由这个踏板，外在客观事物通过投射而在大脑中乔装成影像的模样，一脚踏开了人类知识殿堂的大门。

1. 元知识

我在这里把外界事物第一次投射大脑后所形成的信息、场景、图景、影像或镜像效果，称为元知识，也称像知识。意谓首次映射于大脑中的特定信息或特定影像所蕴含的知识。

元知识其实就是外界客观事物第一次映入大脑而未能转化为表象之

前的假性知识，也是没有掺杂任何欲望因素因而也未被赋予任何欲望意义的知识。我在主观、客观与中观三位一体的哲学理论模型中，也称它为中观知识。中观知识等同于中观信息，在这里则等同于元知识。

人类从客观世界过渡到主观世界，不可能不经过任何中间环节的有形过渡和演变而一下子成为泾渭分明的两个性质完全不同的世界。就是说，主观世界不是凭空冒出来的，而是经历了一个中间介质演变而来的。就像蝌蚪变青蛙一样，必经历一个中间环节，必经历一个既像蝌蚪又像青蛙的过渡环节。同样的道理，物质变精神、客观变主观，也必然要经历一个中间环节，这个中间环节就是自我神经智能对于客观事物进行信息性采集和影像性映射过程，这些信息或影像就是元知识。

元知识既像客观又像主观，就像蝌蚪变青蛙所经历的中间环节的“两不像”或“两都像”的尴尬情景一样，即便连它自己也说不清到底属于青蛙还是属于蝌蚪了。

所以，我认为，元知识具有双重性或二象性特点，既属于客观物质世界范畴，也属于主观精神世界范畴。按照这个观念推导开去，人类所有的感觉，都不是意识本身，因为在感觉一片空白阶段，一无所觉阶段，恰恰也是大脑一无所知阶段。

一无所觉和一无所知都不能产生任何主观精神的东西，当然更不能产生任何意识或意识活动。感觉本身不是意识，感觉接触了客观事物并采集到了信息或影像，信息或影像本身也不是意识，信息或影像作为元知识，也不是意识。

只有当元知识转化为表象之后并被赋予特定的欲望意义，个体自我（大脑）才能借助表象材料产生意识。

这样，在信息或影像转化成表象之后，像知识（元知识）便也同时转化成了象知识。顾名思义，象知识就是表象蕴含的知识。正是从象知识开始，人类主观意识在欲望力所驱动的方向上正式迈出了脚步。

如果我们站在作为投射者的客观事物本身的立场上看，元知识作为大脑的反映似乎已经进入了主观世界的大门，而不再属于客观事物了；如果站在作为映射者的个体自我的立场上看，元知识作为对客观事物的反映似乎指向的依然是物质，而不是意识。那么，如果站在元知识本身的立场上看，元知识既作为客观事物的投射物、又作为大脑的映射物，与主客观两者都存在着密不可分的关系，到底属于谁，恐怕连它自己也说不清楚。

这很像问一个孩子，到底属于父亲还是属于母亲一样，让这个可怜的孩子没法回答，而实际情况却是属于两者做爱交合的产物。

为了更充分地说明这个问题，我们还可以把主观和客观比作敌我双方两个阵营，信息或影像就像一个叛徒，带着客观事物阵营中的若干机密跑到我方大脑这边来投诚，大脑打开城门迎接他进入我方阵营，但在尚未与我方士官（相关连的表象）正式接洽之前，我方还不能完全把他当成自己人，只有与我方士官建立了欲望性合作关系，才能被认同为已归属于我方的人。这说明，在对其未验明正身之前，它属于敌方还是属于我方是不能提早下结论的。

继续推理下去，按照光学成像原理来说，人的眼睛就像一面镜子，客观事物的影像映现在眼睛里，而绝不要错误地以为是直接地映现在大脑中，大脑被头盖骨以及皮肤封闭得严丝合缝，密不透光，光学成像原理似乎不适用于大脑内部（除非大脑内部有神经电连接的神经细胞灯的存在）。所以大脑不具有直接映射成像功能，只具有接收影像信息、存储影像信息、处理影像信息和加工影像信息的功能，这一点很像我们现在发明的电脑。

而眼睛虽然能成像，但本身却没有意识加工功能，就像镜子本身没有意识加工功能一样。但眼睛与镜子的不同之处在于眼睛背后有一台特殊的机器与之相连——即与大脑中枢神经相连，而镜子却没有，镜子映射成像之后便算大功告成，不会再有其他任何事可做了，其所成之像只能实时映现，物至像生，物现像成，否则便会“无复嫦娥影，空留明镜辉”。

眼睛就不同了，眼睛成像后并不算完事大吉，其背后似乎还有一只特殊的“颅脑眼睛”在盯梢着和内视着所成之像，这就是大脑中枢神经所特有的神奇功能。

因为眼睛作为一种采集和接收信号的器官，它与神经相连，与大脑中枢神经相连，它通过电传导的方式或化学反应的方式将所成之像的讯号传输给大脑，大脑存储后可以在欲望的驱动下随时进行加工和复现。

马尔认为，视觉就是要对外部世界的图像构成有效的符号描述，它的核心问题是要从图像的结构推导出外部世界的结构。视觉从图像开始而进入大脑，经过一系列的处理和转换，最后达到对外部现实世界的认识。

大脑利用天赋的核磁共振成像功能将这些影像储存在一个专门的区域，这个区域被称为记忆存储器。一旦进入存储器，影像便随时可能会改变身份而变成表象了，大脑拘役了影像这个“身外来客”之后，既可以将它打入冷宫、弃之不理，也可以将它带到类似于审讯室的分析器里，以表象的方式翻来覆去地审讯它，盘查它，评价它，对它原来在外面混的时候的身份、地位、作用、功能以及与其他事物之间的关系等等进行研究、琢磨，指望能在它身上找到与满足主体自我欲望有关的东西，与欲望有关的意义。

这个既与表象有关也与欲望有关的意义，就是我们想要获得的“知识”。利用这个知识，大脑分析器还会将这个表象与那个表象、或者与很多表象联系起来，并利用“如果……那么……”“既然……就会……”等表象符号语言形式，从中抽象出一种具有普遍指导意义的联性知识、理性知识、慧性知识。这个过程就是针对表象的内视过程，这个过程本身就是意识和意识活动过程。

看来，影像信息只有进入大脑分析器的时候，才能成为主观意识的内容。早在存储器中时，只能算作一种待拷问的不成熟的知识，但这个阶段却是意识产生的准备阶段和基础阶段，只有进入分析器阶段，才标志着影像信息进入了人的意识层面或意识阶段。

这里我只是临时地借用了巴甫洛夫关于分析器的概念，但我这里的分析器概念却不是对于巴氏的分析器概念的直接照搬和挪用。我认为，对于大脑所具有的记忆存储功能，每个人凭借自己的经验验证便都会深信不疑。但对大脑中是否存在一个分析器问题的验证却似乎并不这么简单。

巴氏的分析器理论虽然得到了现代感觉生理学很多基本理论的验证，但他的这一概念却更多地局限在感觉生理的理论层面，对包括人类知识、意识、思维等更为关键和实质的内容却未能做出很好的解释。而我的分析器概念正是从这一点上表现出不同之处。

在我的欲望动力心理学理论框架之内，我认为，大脑中枢神经在欲望的驱动下，利用所有已储存的影像信息进行各种可能性的关联、比较、判断、粘连、拼接、组合、变形、重整、推理、想象等加工过程，以便从中寻找到或提炼出对于欲望有用的意义指导，这个过程显然不是一两种神经元、神经节、或一两个大脑区域的皮层所能完成的，其间必有光、电、磁、波等因素在欲望场内沿着欲望力方向而对相关表象符号进行辐射、感应、联通、牵引和连接，这个过程只有通过若干神经机能的有效组合才能实现，我将人类大脑中完成这个过程的神经机能组合系统，称为分析器。

在人类整个认识过程的序列中，由影像信息而形成的元知识是人的自我感觉与外在事物交合的产物，是外界事物直接作用于人类眼耳鼻舌身等五种官能产生的第一反应，其中人类的视觉功能在这个过程中往往占居头功。元知识虽不能产生意识，但它却是意识产生的基础、源头和基本构成材料，是人类一切意识形成的根本依托。一事不知、一物不识的人是不可能产生意识活动的。所以，我认为，元知识是人类一切意识产生并形成的第一个环节。

但客观事物并不是简单地、静止地和单一地投射并反映在大脑中的，而是复杂地、运动地和纷繁多样地投射于大脑中的。一个场景中总是包含着数个甚至无数种事物的影像，鉴于事物本身及其影像所具有的可描述性、可表达性、空间性、时间性、层次性等客观固有特点，大脑对属类相同的若干影像往往会形成 A=A 式的简单判断和描述。比如树是树，草是草，花是花，人是人等同属类事物影像的判断和描述。对属类不同的影像形成 A ≠ A 式的简单判断和描述。比如树不是草，草不是花，花不是人等不同属类事物影像的判断和描述。甚至在同属类影像中也能做出某些个别属性 A ≠ A 式的判断和描述，如大树不是小树，绿草不是枯草，红花不是黄花，男人不是女人等判断和描述。或者在不同属类的影像之间也能得出某些个别属性的 A=A 式的判断和描述，比如树叶、草叶、花叶都是绿色的，男人女人都在一起侍弄花草等等，这期间俨然形成了简单的肯定或否定的逻辑思维的萌芽。

以大脑功能之局限，即便是对同一场景中不同事物的影像，也不可能获得清晰度均等或角度一致的映射效果。某事物的映射角度或清晰程度取决于事物本身的时空序列位置、背景环境干扰、层次特点、属性特点以及个体欲望所产生的注意力的聚焦效能，这跟照相机或录像机的成像原理基本一致。

一般而言，前置的、运动的、亮丽的，或与个体欲望直接相关的事物客体往往会吸引主体自我投入和聚焦更多的注意力，并调动更多感官、变换更多角度、花费更多时间和投入更多精力，以获取对该事物更全面、更完整、更清晰、更细微的映射效果。正是这种多镜头和全景式的聚焦，才产生了对场景中某一个或某几个具体事物的整体性和细节性的清晰影像效果，这是人类认识过程中发挥知觉效能的结果。

元知识是人类一切知识之端，影像信息的清晰度亦即元知识的清晰度决定了日后所形成的整个知识体系的清晰度，而且也必将决定日后藉此所形成的意识的清晰度。

2. 点知识

我们把主体在特定欲望驱动下，从信息或影像产生的场景、背景中，通过集中注意力的方式而调动多个感官聚焦于某一个具体点位或具体事物目标上，从而映射出清晰度更高、完整性更强的信息或影像，称为点知识。

点知识是对具体事物聚焦式映射的结果，是知识系统的基本组成部分，是实现事物确定性和规定性的根本依据，是肯定一个事物或否定一个事物并形成基本逻辑判断的标准模型。

只有点知识才是有意义的知识，才是具有明确规定性的知性。比如，在一片花海中，注意力集中在一朵玫瑰花上，对它的花瓣形状、花芯、枝叶、针刺以及花香等特点的观察格外仔细，从而形成关于玫瑰花的清晰影像效果的点知识，这个点知识构成了对玫瑰花多种属性的了解和认知。而其他众多鲜花，则退变为这朵玫瑰花影像的场景和背景，很难映射成清晰而明确的影像，当然也不可能在事后形成清晰而明确的表象。

3. 联知识

鉴于事物与事物之间存在着相互联系的属性，这种属性也会以某种特定的形式反映在大脑中，记录在大脑中，从而在两个或多个影像信息之间形成一种彼此相关相连的纵贯性、并列性、交叉性、交叠性、纠缠性、振荡性、比较性、拓扑性、拮抗性、吸引性、排斥性、映衬性、对抗性、共轭性、对称性等多层次并存的影像信息效果。

我们把主体在欲望力所驱动的方向和范围内，对两个或多个有联系的事物在大脑中产生的与它们之间的联系特征有关连的线性影像信息效果，称为联知识，或线知识。比如向日葵与太阳之间相互联系的影像，人站在清澈的小河边产生的倒影与水之间、与光之间相互联系的影像等等，都属于与联系有关的联知识范畴。

联知识标注了一事物与另一事物或多事物之间相互联系的外在表征。但事物之间的联系总是局限在一定的范围之内，局限在一个特定事物所能辐射到的感知圈子之中。在这个圈子之外，还有更多的事物以一定场景或背景的形式存在着，并在整个欲望场内无规则地分布着，表面上与特定的欲望形式没有明确具体的关系，但鉴于欲望的多样性和变化性，主体对于这些未在欲望力方向上分布的、因此也未见具有特别欲望意义的客观事物，虽然暂时不能产生注意，而作为一种点知识或联知识的背景性存在，可能会在后续的欲望驱力作用下被赋予特定的意义，从而派上用场。所以，其暂时的模糊性并不能取代其存在的必要性。

4. 面知识

我们把进入个体视野或感觉范围即智能阈之中，包括点知识和联知识在内的场景和背景中的所有事物影像或信息，称为面知识。

在整个自我智能阈中，以某个点知识或联知识为中心，以个体自我感知能力为半径所辐射范围内的所有表面事物影像或信息的总和，即属于面知识范畴。

比如，我们从一个城市匆匆走过，对这个城市只留下一些浮光掠影的表面印象，就像唐代孟郊在诗中所写的那种感觉一样："昔日龌龊不足夸，今朝放荡思无涯。春风得意马蹄疾，一日看尽长安花。"以当时天子之尊，长安之盛，一日之中走马观花，不可能看清长安的真相，而只能从大面上获得一些对长安都市繁华景象的粗浅印象，这个表面的印象便是一种面知识。

面知识更多的时候是指个体经历中与某一欲望场内的点知识形成特定时空序列的场景或背景的知识，有时也包括个体粗浅涉猎的那些与某一特定的点知识关系较远的边缘知识、背景知识。比如我们仔细观察一株向日葵就会产生关于向日葵的点知识，再进一步考察，就会形成向日葵与阳光之间、与水之间、与土壤之间的、与肥料之间、与气候之间的联知识，并通过与向日葵联知识的联系线索指向，陆续对阳光、水、土壤、肥料、气候等各个联系对象的知识也有所了解，甚至还对其他与向日葵有关的菊科植物或其他科植物的相关知识有所涉猎，以致使自己的头脑中也积累了很多这些对象的影像信息资料。将这些资料所形成的关于诸多联系对象的点知识、联知识组合在一起，便形成了关于向日葵的面知识。

如果只形成了关于向日葵的有限的几种联知识及其对象的点知识，我们就会说这个人的知识面很窄。相反，我们就会说这个人关于向日葵的知识面很宽。

另外，我们通常所说的知识面，并非单指以某一个点知识为中心的辐射面，而是以自我为中心的对所有联系对象的知识辐射面。我们说某人的知识面很宽，大旨是说这个人除了本专业知识以外，还能对其他多个专业方面的知识有所了解，有所修炼。比如一位文学家，除了精通文学知识之外，还对天文、地理、历史、哲学、政治、民俗、甚至金融、建筑、音乐等知识也涉猎甚广，那么，我们就会说这位文学家的知识面很宽。

5. 体知识

只具备一些面知识，显然无法穷通知识的全部底蕴。外在客观事物是无法穷尽的，这就表明可以投射于大脑之中的影像信息也是无法穷尽的。一个人不管知识面有多么宽广，也无法全方位把握宇宙知识之大系。我们把包括点知识、联知识、面知识等在内的分别在不同时间、不同地点、以不同方式获得的所有事关某方面事物影像信息的总和，称为体知识，或称为谱知识。体知识或谱知识概念的提出基于这样一种观念，即每个人都具有一个独特的知识体系或知识谱系，有独特的知识结构、知识层次、知识要点和知识形成历史，而且其所有的知识最初都是以某种形式的信息或影像方式进入大脑之中的，然后在欲望驱动下而成为意识活动的基本材料和介质。体知识或谱知识与人的欲望系统密切相连，并统摄在欲望系统之中，成为主体欲望系统内部的御用工具。

以初始映射的信息或影像为寄身的元知识，在欲望驱动下，主体自我调动各种感官将注意力全部集中于这个元知识上，从而比较全面地掌握了这个元知识的多方面属性。

这样，元知识也就变成了点知识，点与点相联而形成线知识，线知识纵横交织而形成面知识。事关某一属类的事物及其相关的多层面、多角度的所有知识形成一个独立的体系即为体知识或谱知识。体知识或谱知识是一个人所获得的某种专业知识的总和。

每个人的知识体系或知识谱系因组合方式不同、结构特点不同、形成过程不同、构成元素不同、储备方式不同、专业取向不同、兴趣倾向不同、资学层次不同、分布格局不同、编码格式不同，具有不同的连锁性、序列性、逻辑性、拓扑性、辐射性和广延性，并形成不同的思维方式、心理状态、情感倾向、思想方法、意识形态，以致产生不同的世界观和方法论。

6. 形知识

我们还可以看到，客观事物伴随着个体的成长阅历而在大脑中形成的影像信息在转化为表象之后构成了人类知识的主体框架。我将这些由外部感觉形成的事物影像性、表象性知识，称为形知识，也称为感性知识、形象知识，即以形载意的知识。

所以，形知识是像知识与象知识的统称，也是人类大脑得以产生形象思维方式的基础。

7. 理知识

但形知识并非人类知识的全部内容。我们发现，还有一部分知识却无法凭借人类有限的感官而形成影像或转化成表象，包括我们的内部感觉所形成的信息或知识，也包括诸如电、磁、场、暗物质、反物质等看不见、听不见、摸不着、嗅不到的知识。

除此，还有一种叫作功能、作用、联系、属性、规律、原理、价值、意义、理性、情感、道德、品质、素养之类的东西，也同样让我们无法凭借感官形成具体影像或表象，这些东西都属于抽象知识，也是人类大脑得以产生抽象思维形式的基础。

早在古希腊时期，苏格拉底曾对格劳孔说："我看不到功能有颜色、形状或其他类似的，在别的很多场合，我凭它们就能划分各类事务的那种特质。对于功能，我只注意一件事，即它的相关者和效果。"（柏拉图《理想国》第五卷。）每一种客观事物都有其功能存在，也都有其个性和共性特征，都符合某种规律或原理而存在。

我们把无法直接通过人类感官而形成影像或表象，但通过内部感觉和外部感觉而经由大脑抽象出来的道理、原理、属性、功能、规律等内容，称为理知识，或理性知识、抽象知识，即以理载义的知识。没有直接影像，便不能形成表象，而只能从事物的逻辑层次或互动关系中通过自我体验和思维推理而抽象出一种看不见摸不着的知识，即是理知识。理知识就像暗物质一样，虽然看不见，却在宇宙中占有很大一部分比例。

点线面体四种知识形式是从具体的信息或影像中直接得到的知识，属于"形而下"的知识范畴。理知识形式是从一个具体信息或影像或多个具体信息或影像中抽象出来的理性知识，属于"形而上"的知识范畴。

《易经·系辞》有云："形而上者谓之道，形而下者谓之器。"理知识是人类从"形而下"的物质世界走向"形而上"的精神世界过程中的必然产物，也是人类穷万物之理而归一的终极思考所必经的环节。所谓"究天人之际，通古今之变"便是人类试图追求理知识的最高境界。

理知识虽不能通过感官从具体信息或影像中直接获得，但它们却隐含在一个或多个信息或影像、表象之中，或隐藏在信息、影像或表象之间的联系当中。我们只有通过具体信息、通过具体影像或表象，特别是通过有联系的多个事物的信息或影像变化，或借助某种仪器的介质而测定不同事物及其信息或影像的变化，才能感知和感悟到这些理知识的存在。因此，所有的理知识都以一种特殊的方式寄身于某几种信息或影像的关系之中。比如，我们一提到三角形中位线定理，头脑中便会出现三角形及其中位线的表象，这个定理就寓藉在这个表象之中，原因就在于这个定理首次反映在大脑之时是以三角形影像的方式出现的。

理知识的产生严格遵循欲望感应原理，是外部感觉和外觉性欲望向内部感觉和内觉性欲望的返归性和回馈性产物，是外部感觉的形象性信息经由内部感觉的抽象性信息的接应、感应、纠缠和振荡之后而产生的交叠性融合与统一，或者说是外部感觉的形象性特征被逐渐剥离，而向内部感觉的抽象性意义实现终极归一。

所以，理知识是一个“半客观半主观”“半外在半内在”“半他者半自我”“半形象半抽象”“半符号半意义”的怪物。按照欲望动力心理学理论来讲，理解一个事物的意义，归纳一个事物的属性、功能等等都是带有一定的主观功利性。

比如在柳宗元生活的年代，两个柳州人在“柳州之野”几乎同时看到一条“黑质而白章”的毒蛇，他们两人产生的对毒蛇的意义的理解可能大有不同，一个惊恐万状，逃之唯恐不及，他认为毒蛇的属性和功能是对人不利的、甚至随时可以威胁到人的生命；而另一位仁兄因为是捕蛇人，理解毒蛇的用途和好处，他想到的是如何抓到它而卖钱养家糊口。

这是同一种影像或表象产生的两种不同欲望方向、不同意义层面的理解方式和理解内容，说明某种事物的影像虽具有客观性，而对其所转化后被赋予欲望意义的表象的理解却明显带有主观性，从客观到主观之间的过渡性跳板，从表面上看，是在外在事物映射的影像信息，但其驱动力却来自于内部感觉与外部感觉的呼应关系上，来自于内觉性欲望与外觉性欲望的呼应关系上。

理知识也是我们通常所说的抽象知识，它的产生与形成具有思维过程中的判断、推理、综合、分析、联想、想象等明显的意识活动特征。这种知识是人类意识在欲望方向上借助外在影像的客观性并通过对其表象的抽象过程而形成的主观性结论。结论虽然以主观的面目呈现，但它一旦被主体表达出去、传播出去或付诸实行，便不再属于自我性的主观知识，而属于社会性的客观知识了。

比如一部文学作品，显而易见是经过作者的意识活动完成的，但一旦完成之后，其主观意识便转化成了客观知识，这个作品本身便不再继续存在意识活动了，便不再继续以主观意识的形式存在了。如果这部作品发表出去，便具有了社会属性，对于其他人来说就是纯粹的客观知识了，只有通过阅读学习才有可能使这部分客观知识变成他们的主观知识，对于整个人类来说，则属于人类知识，或人类文明成果。

还比如人文建筑也是如此，从最初规划、设计、组织到建设的整个过程中，都有无数人、无数次和无数种意识活动的参与和链接，但是一旦竣工落成，便赫然变成了一种带有人文色彩和诸多文化元素的客观形式，变成了一种可以形成一定影像效果和实际用途的客观知识。这说明，知识不是意识，但可以产生意识；意识也不是知识，但意识可以变成知识。正像我们说出去的一句话，我们总是为了一定欲望或目的而形成某种意思，并组织某些载意词语符号以便进行恰如其分的表达，这个过程是一个意识活动过程，但是一旦把这个意思表达出来，便产生了“覆水难收”的客观效果，这个意思便定格成一种具有知性的概念形式和具有理性的知识形式。这个被定格的概念或知识已经不再是意识或意识活动本身，而是一种外化出来的客观知识。别人可以从你表达某个意思的话语中，听到或学到对他们有用或无用、有利或有害、喜欢或讨厌的被外化出来的客观知识，并进而促发他们产生与你的话语有关的意识或意识活动。

关于意识是怎样产生的，我们还可以借助物理学原理来再度分析和梳理一下：

我们就以视觉成像为例。眼睛就像镜子一样，具有成像功能，这种功能也是一种客观性存在。眼睛映射的影像虽然进入了大脑，但它不属于意识活动，而仅仅属于眼睛发挥视觉功能的结果，就像一面镜子具有映照影像的功能一样，也不过是一种客观性存在而已。镜子、镜子的功能、镜子中的影像三者一样，都是客观性存在，没有人会认为这三样东西的任何一种存在形式具有意识的特征。

但大脑肯定不是镜子，在眼睛的背后，一定有类似于电磁感应性功能在支持眼睛成像并对其所形成的影像进行传导、存储和复现，这就是眼睛与镜子不同的地方。镜子和眼睛虽然都是影像的感应器，但镜子只具有映射功能，而眼睛则具有拍摄功能和录像功能，镜子映射影像之后便完成了它的全部使命，至此可谓江郎才尽，黔驴技穷了，它所能做的事情到此结束了。很显然，镜子不能对影像进行存储、传导、加工和处理。

而眼睛映射了影像之后，事情还远远没有完结，大脑还要对影像进行存储、复制，并根据有用或无用、有利或有害的势利性标准赋予它们以特定的欲望意义。同时还会按照欲望力所驱动的方向进行连接、交叠、变形、重整和复现。这说明在眼睛这个镜子后面，必然有一个影像信息存储器、分析器，合称处理器。这个处理器已经不再是感官本身了，而是与感官相联的中枢神经系统。而且对于不同感觉或不同感官，其背后也一定有不同的处理器，包括视觉影像处理器，听觉声音处理器，嗅觉气味处理器等等，这些处理器分布在大脑不同的区域，并与不同的肌体、器官、组织、部位等具有不同的联通方式和传导路线。这一点已经为现代生理学、解剖学、脑科学和认知神经科学所证实。

显然，这个作为神经电性质的处理器及其功能本身也是各种信息、影像或表象得以存在和运转的客观物质性基础。那么，什么是意识或意识活动呢？这些处理器以其特定的功能发挥特定作用的过程，即产生了意识活动，这一点应该是肯定的，但我们说某个过程是意识，很抽象，不便于我们对意识的深度理解。

但以“过程”来界定意识恰恰说明意识不是一种固化的物质，而是一种看不见摸不着并具有特殊纠缠性、振荡性、波动性、流变性、连续性和程序性的能量，其与物理能量的存在形式和运转形式几乎完全一样。所以用“过程”来表述意识的概念虽然很抽象，却也比较恰当和准确。

我不妨在此为意识推出一个全新的定义：意识是大脑中枢神经借助内部感觉信息和外部感觉信息在欲望方向上所产生的对应、接应和呼应关系，以电磁感应等天赋的功能手段而进行表象性联通、拼接、纠缠、振荡、拆分、变形、重组、排列、加工、处理、抽象等一些列能动的和有目的的工作过程、工作能力、工作状态及其工作结果。

在通常情况下，我们之所以不能看清自己的意识或意识活动，就在于我们每天只要一从睡眠状态中醒来，便整个地、深深地弥合在这个过程之中了，就像自打一生下来便处于“庐山”之中而不能看清“庐山真面目”一样，使我们的意识陷入了“只缘身在此山中”的内省困局之中。正如孔德提出的内省法存在“自我证明悖论”一样：同一器官如何能够同时既是观察者又是被观察者？即“思考的人不能把他自己一分为二，其中一个思考，另一个观察自己的思考”。这是人类无法逃开的被观测的机体和正在观测的机体不可能是同一个的自我认知悖论。

正视欲望的作用使自我将内部感觉信息和外部感觉信息勾连到了一起，将内在匮欠与外在目标纠缠到了一起，将大脑内部业已存储的表象性信息与眼前外部实时映射的影像性信息对接到了一起，交织到了一起，叠加到了一起，合成到了一起，并由此形成了意识活动的低级形式。

鉴于事物所具有的相互关联的属性，方才使联知识在大脑中的线性呈现成为可能。联知识中诸多表象沿着欲望方向发生感应、交叠、互动、链接和重组，从而形成意识活动的初级形式。这说明，正是联知识驱动主体自我进入了线性流动的意识层面。

意识借助知识的翅膀特别是联知识的翅膀在大脑中连续不断地滑翔起来之后，主体自我必然在欲望驱动下，按照各种影像与各种表象之间所存在的关系继续进行重组，进而产生新的表象，这个新表象所具有的特征、属性、功能、用途等内容便是新创知识。任何一种新创知识最终都可能进入记忆的存储器中扮演一个新的表象角色。比如人们心目中关于鬼神的形象，就是多个不同的表象与表象之间或者某个特定的影像与某些表象之间拼接或重组而形成的特殊的新表象或新创知识，而且每个人心目中的鬼神形象都是不同的。这是每个人用于拼接鬼神形象的各种表象材料的不同造成的结果。

人们利用各种知识之间的联系而抽象出事物的机理、原理、规律、功能、效应等过程便是意识活动的中级形式。

主体自我借助从事物及其影像或表象中所提炼出来的机理、原理、规律、功能、效应等抽象知识，再度推论或演绎出新创知识，或利用这些机理、原理、规律、功能、效应等抽象知识，进行发明创造，并付诸实践活动，或利用新创知识激发更多的灵感而创造出层次更高、功能更全、效用更大的新的事物的过程，则是意识活动的高级形式。

8. 显知识

外界事物在大脑中以特定信息式或影像式的映射产生一种“知”，内在表象的复现，或内在表象与外在事物重现时的对接和感应，便产生一种“识”，二者结合在一起便是知识。

苏格拉底认为，关于知识的讨论是无意义的，他说：“一个人既不可能寻找他所知道的东西，也不可能去寻找他不知道的东西。就是说，因为他已经知道了，他没必要再去寻找；他也无法寻找他不知道的东西，因为他不知道他要寻找什么。”

这里，大智者苏格拉底完全忽略了欲望的驱动作用。正是欲望的不断驱动，才使人不断接触和深掘他所知道的东西，才使人不断寻找他所不知道的东西。更何况外界事物对大脑的投射既带有必然性因素，也带有偶然性因素，二者均可以在大脑中形成影像并积累和演绎成表象性知识和释义性知识。即便是偶然性因素获取的影像和积累的表象也与人的欲望存在着某种直接或间接的关系。

“没有人的欲望或意愿是没有表象的”。[1]我这里与黑格尔的观点可谓不期而遇，作为知识寄身的表象的形成也同样是欲望驱动的结果。我把人类个体自我在现实欲望驱力作用下而被激活的表象以及附着于表象上的形状、色彩、属性、特征、关系、原理、规律、功能、用途等特有的知识，统称为显知识。

显知识具有三个明显的特点：

一是欲望性。在主观世界的角度上看，人首先是以欲望形式存在的，而不是以知识形式存在的，先有主观欲望后有主观知识。欲望是有方向的，因此知识也是有方向的。人们总是按照欲望方向寻找知识、汲取知识和积累知识，并按照特定的欲望方向赋予外在影像或内在表象以特定的知性含义。凡是与欲望无关的知识，都不会受到主体意志的关注，都不会被赋予特定的含义。

二是表象性。因为任何知识都是由信息转化而来的，都是以表象形式存储于自我大脑之中的，即便经由逻辑推理而推定的属性、特征、关系、原理、规律、功能、用途等纯粹意义性的理知识，也大都是从形知识中抽象出来的。而且，这些纯粹意义性的理知识，一旦离开了具体的表象，离开了形知识，便会失去特定的欲望指向和意义寄托；可以说，没有表象作为寄身的知识是不存在的。

三是实用性。显知识既然是受现实欲望驱动并激活的，就必然是对现实欲望有用或有益的，是为满足现实欲望而启用的活的工具。所以，一切显知识都是为现实欲望服务的，都是在现实生活中被实时实地使用着的知识。

人在欲望的驱动下而观察事物并产生影像，进而形成表象。影像是人的感官与事物直接接触时产生的一种暂时性映射，仅处于知识形成的窗口期，而表象才可能是长久的，是知识存储后的积累期，并随时可以被派上用场而进入指导实践的实用期。

1　黑格尔：《逻辑学》第二版序言。

9. 潜知识

人类大脑对外界事物不断进行影像性映射，经存储后，逐渐组建了一个以表象为基本面孔的知识大家庭。

如果说，像知识是外在影像的空间性曝光，那么象知识便是内在表象的时间性寄存、沉淀、发酵和复现，真正的知识最终是以不同的各式各样的表象形式存储、积累、演绎并运行于大脑之中的。所以，真正的知识应当属于象知识。我把大脑中曾经积累的在现实欲望场内暂时不能用到的无数象知识，以及必然附着于这些表象上的形状、色彩、属性、特征、关系、原理、规律、功能、用途等所有的知识，统统称为潜知识。

潜知识与显知识的最大不同在于现实适用性上。显知识是大脑中正在映现着的知识，是实践中正在运用着的知识。而潜知识是暂时被搁置、被沉淀的知识，是没有受到任何欲望力驱动和激发的知识，是暂时没有被派上用场的知识。

这就意味着，随着人生经历的变化和事件际遇的变化，潜知识和显知识在不同的时空序列中是随时可以发生转换的。所谓潜和显仅仅是相对的概念，某种潜知识一旦受到某个特定欲望驱动和激活，便立刻会变为显知识；同样的，某种显知识在特定欲望发生转移或泯失之后，便会失去用武之地，继而也必然会转化为潜知识。

恰如《史记·王勾践世家》有云："蜚鸟尽，良弓藏；狡兔死，走狗烹。"显知识就像良弓或走狗一样，在某种欲望实现之后，便没有了实际用场，便会被主人自动放弃或隐藏。

众多潜知识聚合在人类个体自我的记忆存储器中，有的可能因长期不用而积压和尘封在记忆深处，处于沉滞、闭锁的遗忘或半遗忘状态，倘若不经过欲望的积极驱动，便很难再寻得机会崭露头角；有的可能是个体自我在人生经历中对一些事物细枝末节的影像性映射，在转化为表象后，因其与个体欲望的关系不大，未能产生足够的注意力，以致走马观花，漫不经心，或熟视无睹，屡见不鲜，未造成较强刺激，未形成深刻印象；有的可能是在注意力相对集中的情况下，由于影像暗昧，联系隐蔽，理解模糊，无法生成清晰而鲜明的表象形式，这就导致了这些表象的生命力不强，复现度不高，容易迷失、泅灭和消弭。

我在这里所提出的潜知识的概念与弗洛伊德当年所提出的潜意识的概念似乎具有异曲同工之妙，我想潜意识不能没有藏身的地方，而潜知识正是潜意识得以藏身的基地和赖以存在的依托。换句话说，潜意识也必然以特定潜知识的形式而藏身或淹没在记忆海洋的深处，而且这部分潜知识在我们人类个体整个知识海洋中占有绝对多数。我们在日常生活和工作中能够利用的显知识就像弗洛伊德所说的显意识一样，也仅仅是“冰山一角”而已，其大部分知识都深藏在潜知识的汪洋大海深处。

大脑中常年积累的无数潜知识所蕴含的巨大的意义能量，经过长时间的酝酿和发酵，随时等待着欲望力（外力）的激活和点燃，随时在寻找合适的路径或突破口向外面喷发。潜意识局限于不能充分表达和传播的困惑，只能像一座储藏着巨大宝藏的矿山，却一时无法得到有效的开发和利用。但是，一个人如果没有足够的潜知识积淀，便不可能具备足够深厚而广博的知性。不可能具备足够深厚而广博的知识修养，其精神世界也不可能具备足够坚强的支撑力量。

弗络伊德利用潜意识概念试图表明个体自我甚至也并非自己思想的主人，人更多是受内在潜意识的作用，所以有时会产生并不那么自觉的行动。比如有些想法会不由自主地在你脑海中浮现，驱之不去；强烈的感情一下子控制住了你，让你忍不住的悲伤哭泣；更何况在夜晚，莫名其妙的梦境不断涌入你的睡眠里。种种迹象表明，一个人主观意识到的一切，只是精神世界的显性表象，实际上人的精神从来就是显意识和潜意识的复合体，人什么时候也不可能摆脱潜意识的影响。

就上述弗洛伊德的理论观点，从显知识与潜知识的关系上看，其实远没有他所说的那么复杂和严重，一种知识究竟以显知识形式存在，还是以潜知识形式存在，完全与欲望活动息息相关。当某种影像记忆或信息记忆一旦受到某种欲望的驱使和激发时，便会浮到意识的表层，并以显知识的形式呈现出来，当某种影像信息在没有欲望活动时或与现实中的欲望毫无关联时，则寄身于这一影像信息之中的知识连同这一影像信息本身便沉浸下来而成为一种潜知识。当潜知识未受到欲望驱动和激发的时候，潜意识便不会毫无由头地冒出来干扰人们的生活。

至于我们有时所产生的所谓不自觉的行动，并非潜意识的作用，而实在是特定欲望悄然在起作用，就像我们睡眠时梦见自己寻找厕所或梦见自己与异性做爱的情景一样，都是源于本性欲望的强劲驱动和激发。至于还有一些不能解释的梦境或不自觉的行为，细究起来，其实也都能找到不同欲望属类或不同欲望形式偶然闯入心灵世界的惶惶魅影。所谓不能解释的情况，通常不过是你把自己近期发生的欲望形式忽略了或忘记了。因为我们人类每时每刻都生活在各种各样复杂交织、变化多端的大大小小的欲望形态中，忽略或忘记某一两种特定的欲望形态也是在所难免的。

当然，潜知识不一定会变成死知识，一旦在现实生活中有相应欲望驱动和激发的时候，或者有相应情景重现的机会，记忆中潜隐的影像信息便会自动让你产生似曾相识之感或灵性顿开之感。如此，潜知识即转化为显知识并被立刻派上了用场，潜知识的作用由此可见一斑。

在潜知识层面中，还有的影像知识可能处于休眠状态或半睡半醒状态，一旦在欲望方向上遇到某种特定事物的刺激、点拨和启发，或遇到其他表象性联知识的串连和干扰，便随时可能被驱动、被激活，被唤醒。这就是说，潜知识虽然处于知识海洋的水面以下，但不同的知识特点或以不同形式获得的知识形式，会隐藏在不同的水下深度之中。有的浮在浅层，随时可以被激活被唤醒，随时可以拿出来派上用场，有的潜在中下层，只有遇到特定的欲望激发或特定的情景刺激，才能浮上表面。

而只有浮现出来的表象知识才能形成意识活动，才能使大脑中的知识大家庭呈现出一片繁荣热闹景象。同时，也只有浮在表面的知识，才能与潜在于浅层的知识相互感应，实现有效黏连、拉动、对接和互动，即潜知识潜藏的越深，越不容易复活或复现，潜藏的越浅，则越容易复活或复现。

显知识与潜知识体现了客观事物在大脑中成像后，从形成、利用知识到积淀、储备知识的两个过程。二者从影像到表象，都具有知识的成像性。但不管是显知识还是潜知识，都是以像载意的（或以象载意的），这种"像"或"象"只能在大脑中以一张张类似于图景或图片的形式存在着，如果不借助一种特定的媒介符号，便不能进行有效输出。所以这种知识只能装在个体自我大脑中，就像茶壶里煮饺子，有货倒不出来，即无法通过表达而向社会性他者兜示出来或展现出来。

10. 知识大家庭内部的伦理关系

以客观世界气象万千的风云变幻，以人类社会熙来攘往的时事变迁，作为人类个体自我处身其间，除了睡眠时段，几乎每时每刻都会有大量的客观事物铺天盖地，纷至沓来，并经过投射而在大脑中形成影像，而后又幻化成一个又一个表象，进而在不断积淀过程中发酵和酝酿出新知识、新内容、新含义。

我们借助元认知的视角发现，只要有任何新事物投射进来，大脑便会将这个新客的影像挽留成记忆的表象。这个新来的"表哥"在大脑内部与其他表象的兄弟姐妹们结为新交，并在这个表象知识大家庭中形成彼此接应、关照、比较、亲昵、拥抱、碰撞、粘连、链接等各种复杂的"社会关系"。

当个体感官沿着欲望力所驱动的方向继续与外界事物接触时，这个表象知识大家庭中的兄弟姐们便会一哄而起，破门而出，在与外在客观事物接应过程中不断产生彼此感应。作为外来的新客人的影像出现后，原有的表象对完全陌生的访客或异己之徒，通常会以好奇的眼光打量它们和审视它们，以便更多地了解其身份、来历、特点、脾气和利害等属性，试图让这些陌生的造访者或异己者尽快成为自己的新相识、新知己。

如果这个外来者不过是表象兄弟们当年在外部世界闯荡时的原身或原型，那么这些表象兄弟们便会产生相知、相熟之感和亲切、亲近之感。比如你头脑中早就拥有某座山的表象，后来因为某种机缘又看到了这座山，那么，这座山其实就是原有这座山之表象的原身或原型，在这种时候，同属性的表象便不以为奇，不以为异，经短暂的重复性认知后，或一眼带过，熟视无睹，或打量再三，回味无穷；这就是人们对那些与既有表象同属类、或者同属性的外在事物，往往会产生一些似曾相识之感的根本原因。

但有时鉴于某种欲望力的驱使，可能也要以不同的角度做一番比较、辨识和确认，从而对彼此之间在不同时序中所呈现的异同做到心中有数；倘若这些事物的影像与现实欲望息息相关，则内部表象即便与它们系同宗同属，也会表现出趋之若鹜、热情好客、带有明显倾向性的接驾、呼应和关照，并力求对它们建立更紧密的联系或关系，从而实现了内在表象知识的不断复制、更新与重组。

这样理顺下来，我们从知识产生和形成的角度上说，外界客观事物是知识的前世今生，某些外界客观事物能够有机缘而在人类感官投射，则是纯粹客观性质的事物与具有中观性质的神经智能层面建立的“后世姻缘”。而外界事物在大脑中产生的影像作为中观世界的元知识，则是事物的客观之父与智能的中观之母交合的产物，这个产物便是人类凭借感知功能而获得的知识的临时寄身。而当这个寄身在记忆存储器的卧室中，经由欲望的驱动而在生活实践中派上了用场，则意味着其已跃升为主观知识，亦即显知识；如果未能在欲望方向上及时派上用场，便会退隐为潜知识，从而使知识进入了沉淀和发酵的过程。

正是在表象与表象或影像与表象相互感应的过程中，个体知识得到了不断拓延、增进和强化。

众多表象在欲望的干预下通过不断复现的方式而实现纠缠、振荡、粘连、对接和跳跃，从而产生表象符号与表象符号之间的相互感应和联动激活现象，我们把这种现象称为象象感应，也可称为象象联想，即从表象到表象之间的内在联想。

特别是在闭合双眼或处于半睡眠状态时，头脑中经常地和不断地发生象象联想性的情景复现。不管是同类的或不同类的，也不管是过去的、现在的或冥想于未来的诸多影像，总会不由自主地在大脑屏幕上跳来跳去，窜来窜去，闪来闪去，形成一种朦胧的连续的像过电影一样的感觉或者半连续的像看幻灯片一样的感觉，即表象与表象之间通过相感、相激、相冲、相生等过程而形成的互动性粘连、拼接、重组等反应。象象感应其实是主体暂时游离和抛开外界客观事物，而只在大脑内部通过各种不同的表象与表象之间的联系而实现的对接、联通、互感、转换、跳跃和重组。

当主体再次接触外界事物时，受外界事物成像信号的刺激，原来沉积已久的与事关该事物的表象，有些会被激活，冒出来与外界客观事物的即时影像实现某种形式的接应与互动，并产生影像符号与表象符号之间的相互感应、相互拼接和相互粘连现象。我们把这种现象称为像象感应，也称为像象联想。

这说明，联想存在两种形式，而且只存在两种形式，一种是内隐性的象象联想，一种是外显性的像象联想。像象联想是主体受到外界事物的影像性刺激而激活内在表象，并进而产生外与内的感应，使内在记忆中储存的、与眼前事物的影像存在某种关联的同属类表象或不同属类的表象活跃起来，构成了外在影像与内在表象之间的纠缠、振荡、碰撞、叠加、连接、联通、转换等各种感应关系。

象象联想是从内在到内在的形式展开的，像象联想是从外在到内在的形式展开的。而倘若在象象联想或像象联想过程中，由于表象与表象之间的呼应和粘连，或者由于外在事物即时影像与内在被激活的表象之间的纠缠、对接、碰撞和叠加，而为自我激发出对某一事物或解决某一问题的新视角或新视点的灵动的感应，则称为灵感。伴随着灵感的闪烁和晃动而促成内在表象与表象或外在影像与内在表象之间的粘连、拼接和重组，从而形成的新的表象，则属于想象。

象象感应对于人类意识的形成和发展具有非常重要的意义。康德曾说过："我思必须能够伴随所有的表象。"在象象感应过程中，大脑大致完成了对事物进行场景粘连、属类链接、属性比较、知性酝酿和欲性激发的简单编码和加工过程。

比如你闭合双眼，头脑中浮现出一处曾经游玩过的山水场景的表象，很快便会与另一处或其他很多曾去过的地方场景的表象（比如家乡场景的表象）粘连起来，就像幻灯片一样，一幕连着一幕地出现，这即是场景粘连。场景粘连一般是多个大空间场景的表象之间的对接或拼接，一个面包或一根针的表象一般很难与博大壮观的青藏高原场景的表象黏连在一起，除非个体自我在青藏高原经历过有关于一个面包或一根针的印象深刻的特定故事。

再比如头脑中对一个曾经去过的某城市火车站的表象，可能很快就会跳跃到另一个也曾去过的其他城市火车站的表象，或者与几个熟悉城市的汽车站、飞机场的表象链接在一起，这些表象的自动链接即为属类链接，体现的是火车站与火车站甚至其他车站的同属类事物的联通关系；接着还可能模糊地区分开这些火车站、汽车站、飞机场的相同之处和不同之处，这就是属性比较。场景粘连和属类链接主要以场景表象的方式实现的。这就在大脑之中内在地展示了表象与表象之间的相似性、关联性、毗连性、对比性、倾向性等朦胧的知性，这就是知性酝酿。康德在说明知性时指出："知性无非就是把给予表象的杂多置于统觉的同一性之下的能力。”

我们通常说知识就是一种经验，这样的表述并不是很严谨。我们知道，影像是个体感官经历的产物，只有具备相应的经历，才能看到、听到、嗅到、闻到和接触到这些事物及其影像；当影像化成表象储存和活跃在大脑中，作为像知识的元知识变成了作为象知识的显知识，但只有在欲望场内与特定的欲望意义合并一起发酵之后，已有的象知识从内容到形式都可能会变得更清晰而明朗，若此后再次与外界事物发生接触，则会对已有的象知识完成一次印证和验证过程。

所以，我们可以说，初次形成的影像是由个体自我经历而产生的知识寄身，幻化在大脑中的表象则是知识本身，表象与外界事物的对接则是对知识的实践、利用或验证。我们把影像映射和存储后形成表象，或后来再度与影像发生对接，以及通过表象而形成新创知识后，而通过外在事物及其影像进行实践、利用和验证的全部过程，统统称之为经验。

这说明，知识与经验是不同的。知识最初是主体对客体以经历的方式受孕的，是以影像的方式映射的，是以表象的方式存储的、演绎的、转化的，是以不断复现的方式强化的，是以象象感应的方式进行梳理和实现创新的，是以像象感应的方式践行利用和验明正身的。所以，经验二字既包含“经历”中的成像过程，也包括内在的表象与外在的客观事物的对接过程、使用过程和效验过程，从而构成了经验二字的全部内容。

综上可知，在个体自我整个人生经历中，客观事物在大脑中形成的影像信息愈多，则获取的像知识愈多，记忆中积累和展现的象知识也愈多。而且，个体自我参与客观实践愈多，则新创知识被验证或被检验的机会愈多，其所获得的经验性真理当然也愈多。所以，通过对知识形成的各种相关因素和相关环节的分析和梳理，对于我们如何掌握知识、积累知识、强化知识和检验知识，将起到非常明确的指导作用。

尽管我们的求知欲经常会在其他某种特定欲望形式的驱动下而有所偏重、有所倾斜、有所调整，但并不意味着它的方向性、目标性和层次性是单一的和唯一的。就像食欲产生之后，求知欲的方向被调整到了对食物目标的求索上，但对于除食物之外的其他目标也同样在求知欲的辐射之中，绝不会单单为了满足食欲而忽略了安全欲、性欲、尊严欲、价值欲、荣誉欲等其他欲望形式。

一个人如果把心理学作为人生追求的价值目标，其求知欲必然对心理学知识有所侧重，有所倾斜。但这并不意味着除了心理学知识而外，他对其他专业领域的知识便闭目塞听，不闻不问，更何况还有诸多事关其自身生理层面的欲望时时牵动着他的心思和视野。

这说明求知欲是人类个体自我须臾不可游离的欲望。在抛开其他特定欲望力干扰的前提下，假如我们仅在求知欲方向上来考察，任何影像都如一幅图画一样，主体依据既已形成的欲望标准或观念标准，针对这幅图画必然产生或好或坏、或丑或美的审美评价性反应。

这样，任何一个影像信息至少包含着两层意义：一是该影像信息所代表的事物用以满足特定欲望的知性意义；二是该影像信息所代表的事物用以满足除特定欲望以外的全息性意义，如审美意义、安全意义、价值意义等等，这种全息性意义也是外在客观事物投射后必然产生新奇感或首因效应的主要原因。

三、知识与记忆

自古而今，人们一直寻找积累知识、增强记忆、提高学习能力的有效方法，也一直在摸索智力活动和意识活动的特点及其规律，以及思维、意识、心理、情感、信念、智慧等人类精神元素的组合原理。

其实，这些堂而皇之的精神元素，都起之于忽微，成之于细节，发自于内部感觉的切身体验，应自于外部感觉的阅历经验。人类生理运动和神经感应的共性特征使得每一个人差不多都遵循着相同或相似的知识感应方式、储备模式和运行原理。但基于不同个体之间所存在的生理条件、智力条件以及成长环境和生活习惯的差异，使得每个人都不可避免地存在着这样或那样的些许不同和玄微之妙。

只要仔细观察，每个人都有不同的生活背景、成长经历、欲望倾向、思维习惯、学习方式，从而形成了各自不同的反应能力、认识能力、学习能力、情感能力、抽象能力、智慧能力、意识能力，直至表现出各自不同的世界观和方法论。

即便是一对生长环境相同、知识结构相似、人生阅历相近的双胞胎，在智力表现、意识形态、性情特点、心理素质、人格结构等方面，也有很多明显的不同表现。造成这些不同的原因，除了生理性或神经性的先天因素之外，可能更多地体现在大脑对于影像映射、定格、存储以及在事后切换成表象的四大效应之中。

人类的生理特征大体都是相同或相似的，因而其所产生的内部感觉也都是大体相同或相似的。一个人知识结构或知识素养的不同，更多的来自于外部感觉对于外部客观事物的映射目的、映射对象、映射方式、映射习惯、映射数量和映射过程等方面存在的不同。比如人的眨眼频率的不同、生理作息习惯的不同、注意力转移特点的不同，以及与人、与物、与事别离情景的不同，就会使各自的大脑形成数量不同、品质不同、属类不同、寓意不同、关系不同的影像及表象，这就相当于加减乘除的数字不同、方程式不同，得出的结果也不同一样。这是造成人与人之间在思维、知识、欲望、意识、性情、理智、意志、思想、信念、能力、心理以及世界观和方法论等诸多不同的根本原因。

教育学家和心理学家在研究提高人类智能的荦荦大端的各种理论的同时，实在应该把目光拉回到看似简单、貌似无用的一些生理细节和现象上来。从空洞的理论上着眼，不如从实实在在的细节上着手，也许这才是解决问题的根本，才是理论向实践的回归。每个人都是一步一步从生理与心理的一颦一笑、一眨眼一投足的细节上成长起来的，而绝不是从空洞晦涩的理论上成长起来的。

这里我们根据人类记忆形成原理，可以总结一下大脑存储影像信息或存储知识的基本规律，藉此可以为人们找到实现有效记忆的基本方法：大脑对于欲望刺激强烈的信息、影像及其效果以及新近产生的刺激信息、影像所形成的知识，在记忆的存储器中总能占有更多的记忆空间，并因此而持续更长的存储时间，而且这种优质信息或影像对刺激性较小的其他信息或影像、效果模糊的信息或影像、以及时间久远的信息或影像所形成的知识，具有倾轧或排挤的功能和效应，直至将刺激性较小的信息或影像、效果模糊的信息或影像和时间久远的信息或影像所转化的知识，从记忆的存储器中彻底倾轧下去或彻底排挤出去为止。这是由人类大脑所具有的忘记功能决定的。

按照人类记忆形成原理并结合我们参与学习的实践经验推论下去，我们很容易就能找到提高人类记忆力的有效方法和根本途径，这就是：有针对性地提高自我欲望度、提高信息影像刺激度、提高信息影像新奇度、提高信息影像清晰度、提高自我注意力、提高映射反复率、提高思维理解力。我将这七个“提高”简称为人脑记忆七高法则。

提高了自我欲望度，其实也就提高了自我求知动力和学习兴趣。

提高了信息影像刺激度，其实也就提高了特定信息影像性知识的重要性，以及自我认识敏感度和深刻度。

提高了信息影像新奇度，其实也就是提高了自我对于信息影像的好奇心、惊疑感、关注度以及特定信息影像性知识的吸引力和诱惑力。

提高了信息影像清晰度，其实也就提高了信息影像性知识的精准度、明朗度，以及自我对于这些信息影像性知识的认知度和确信度。

提高了自我注意力，其实也就提高了自我对于特定信息影像性知识的倾注力和观察力，有利于让自我全神贯注地和聚精会神地汲取特定信息影像性知识，这个过程也是自我将各种感知功能和思维功能，全部集中在一个特定的信息影像点位上，从而为某些特定信息影像性知识进入自我大脑，建立一条不受外界干扰的直通直达的信息高速公路，使自我完全进入独立思考状态，使自我意识与信息影像性知识相互纠缠、相互振荡、相互交合，直至产生水乳交融、和谐共振的记忆效果。

提高了映射反复率，其实也就是提高了自我对于信息影像性知识的关联度、亲切度、熟练度，通过不断重复性映射而有效消除对信息影像知识的生疏感、模糊感和迷乱感，有效提高自我意识与信息影像性知识互通互联互动的频率，从而实现二者之间信息能量的融会贯通。

提高了思维理解力，其实也就提高了自我对于信息影像性知识的洞察力和穿透力，使得自我可以透过现象看到本质，看到隐藏在信息影像性知识之中的因果关系、结构机理、过程环节，并由此归纳出从特殊到一般的逻辑发展规律，进而实现从个别知性到普通理性的飞跃。这对于自我实现对相关信息影像知识的有效记忆具有明显的联通连觉效应。

从教育学视角上反思，我们在此也有必要对人脑记忆七高法则做出进一步解读。

一是提高自我欲望度的方法。按照我的欲望动力心理学理论，没有欲望便没有意识的活力，便没有行动的驱力，便没有意识的方向或行动的目标。所以，在学生内心有目的地建立有益的、有足够驱动力的欲望系统是最为关键的一环。

比如以理想描述的方式、建立信念信仰的方式、树立榜样目标的方式、激发兴趣爱好的方式，来增强目标吸引力和注意力；或者合理设计和合理拉动匮欠度，在特定知识方向上制造饥渴感，利用负欲望的内在驱力或正欲望的外在引力激发学习热情，聚拢注意力，从而达到增强记忆力的目的；而且，越是切近的、实际的、有高度的、有适度落差性比较的欲望目标，越能加大欲望驱力。

据说当年慈禧西逃途中饥饿难耐，有一妇人给了她一个粗米面制作的大窝头，慈禧吃起来倍觉香甜可口。后来慈禧回到宫里，依然对这顿美食记忆犹新，怀恋不已。

由此看来，匮欠度造成的内驱力对于个体自我的记忆力影响深远，甚至比提高目标的诱惑力更富有成效。欲望启动了需求，欲望越强烈，求索越迫切。有欲望才会产生对于目标的注意，才会产生占有目标的动力。同样的，对于学习也是一样，只有建立有效的欲望系统，预设了足够的欲望驱力，才能对知识产生足够的注意力，才能增强对所注意到的知识的记忆力。

二是提高信息影像刺激度的方法。一种新知识在向学生传授之前，应该尽可能设计信息或影像的刺激形式，力求使学生产生对新信息或新影像的强烈刺激感。除了充分发挥生动形象的口语和形体语言的刺激作用之外，还要设计有特色的板书、图示、模型、幻灯、电视、PPT、现场实验、亲自操作、场景表演等多次重复性刺激形式，从而实现对人体所有感官的立体刺激效果。对刺激微弱的信息影像增加刺激频率，设法实现对影像的多次重复性刺激，也能起到增强信息影像刺激度的作用。

三是提高信息影像清晰度的方法。一种知识能否做到信息清晰、影像清晰、线索清晰、逻辑清晰、结构清晰、关系清晰、功能清晰，一方面取决于知识传授者本身对这些信息影像性知识，是否具有较高清晰度。如果自己对这些信息影像性知识的结构不明不白，理解暧昧，稀里糊涂，或不懂装懂，或词不达意，语焉不详，那么，就不可能向学生提供清晰的知识架构、严谨的知识层次和生动的表达讲解，更不可能向学生提供清晰度较高的知识体系。

孟子当年早就发现了这个道理，他说“贤者以其昭昭，使人昭昭”，而决不能做一个不贤者而“以其昏昏，使人昭昭”。另一方面取决于作为“贤者”的知识传授者是否能够自觉设计并提供出能够增强知识清晰度的有效方法。这些方法包括但不限于逻辑层次清晰的语言讲解，关系线索清晰的形象展示，以及引起学生注意力集中的影像信息投射技巧，或借助仪器等媒介实现对暗昧影像信息、关系隐蔽的影像信息的清晰透视或本质展现，等等。

四是提高信息影像新奇度的方法。任何事物第一次映射在大脑中便会使人产生新奇感，激发好奇心。好奇感或好奇心可以增强外在事物对整个自我的吸引力和诱惑力，调动自我关注该事物的积极性和热情度，这对于更好地、更全面地、更深透地感知和思考该事物及其所隐含的知识，具有引起注意的驱动功能、收心功能或神情集结功能。

但同时我们也要看到，感官的任何第一次映射都会一晃即逝，成为过眼云烟。当经历了第二次、第三次或更多次之后，便会使这种映射变得司空见惯、习以为常和不以为然。鉴于知识总是隐含在事物的信息或影像之中，即便实现了多次映射，我们中的大多数人也未必能够发现事物的本质属性和隐藏在事物之间的各种规律。这就使得我们仅仅通过第一次映射过程中产生好奇心的驱动力量，也未必能够将事物的本质属性和内在规律洞察出来和揭示出来。这就需要教育者或学习者不断调换观照视角，不断转换感知官能，或者不断转换思维轨道，以便利用新角度调整出来的新的好奇心所驱动的注意力和思考力的作用下来获得新发现。

比如牛顿看到苹果落在地上，也许不是第一次，也许不再产生好奇心了，但他从掉苹果、捡苹果、吃苹果的平常思维角度上转而变为苹果为什么会从树上掉到地上，而不是相反地掉到了天上。这就使得他的思维角度第一次发生了转换，又一次调动和激活了他的新的好奇心，从而按照这一思维视角而发现了万有引力定律。

当然，提高信息影像新奇度的方法还有很多，比如使用包装技巧，增强新鲜感和审美感，让知识内容以一种崭新的面貌出现，或使用学生通常未曾见过的背景，将特定的知识内容乔装打扮成背景中的显要形象或关键环节，借以提高知识的吸引力和趣味性。

五是提高自我注意力的方法。人的记忆过程是大脑经由感官对客观事物的信息或影像进行映射之后的存储过程。存储的信息或影像的清晰度，来自于感官映射的精密度、细微度和准确度。因为一切事物都是由微观组成的宏观，人类的视界或感知域只限于特定的微观与宏观之间。只有把握了视界内的微观，才能把握住视界内的宏观，才能撬动视界内的宏观。

要知道，大部分对人类有用的知识或联系都隐藏在信息或影像的精微之处，视界内清晰的微观信息或影像的获得，必须通过感官的聚焦扫描才能实现，而注意力聚焦的作用正在于此。注意即是人类自我观察特定事物和思考特定事物的定位过程、瞄准过程、收心过程和聚神过程。

人是主观意义上的存在物，离开了神经感应，离开了在神经感应基础上而呈现的主观意志、主观精神，人就不能称其为人，而只能称其为一种纯粹的物质了。

所以，在人体中有一种由神经功能演化而来的具有物象感应性的神，放射性地弥散在人体的每一个神经细胞中，弥散在不同的感知功能中。只有将这些具有感应功能的各路“大神们”汇集在一起，才能形成聚精会神的力量，才能使人朝着一个方向、一个目标发力，才能使人的感知功能从包罗万象、异彩纷呈的世界中，集中在一个特定的点位上。使其信息或影像得到充分而清晰的映射和透视，或者使人的思维功能从纷繁复杂的关系背景中，集中在一个或一组特定的表象上或关系上。使思维的触角全神贯注地深入到各种相互关联的表象之中，并进而找到隐藏在其内部的规律和机理。

注意力就是这种能够有效地将各路感知功能和思维功能集中于一物、一事、一体、一面、一点的神奇力量。它是将自我导向特定目标、选择特定目标和锁定特定目标的倾注力、专注力、持久力，这就从最大程度上提高了自我对事物的观察力、思考力和记忆力。

据麻省理工学院研究小组的研究表明，一种叫作星形胶质细胞的神经支持细胞在记忆能力中扮演着重要的角色。科学家们发现当人们将注意力集中在某些事物上时，星形胶质细胞将向视觉皮质中的神经元传递更多的信号。这些信号将通知神经元对从视网膜接收到的任何电脉冲做出更为强烈的反应。

新的研究还发现了新的证据，来支持星形胶质细胞在大脑中不仅仅局限于扮演着支持记忆的作用。此外，该研究还证明了星形胶质细胞在处理感观信息的过程起着重要的作用。这说明，注意力的集中对于大脑特定神经细胞，包括视听嗅闻触以及具有思维功能的神经细胞，具有特殊的纠缠、振荡和激活功能，进而起到加深记忆和增强思考的作用。

注意力越集中，神情与心思越集中，观察到的东西越详细，思考的内容越深刻。所以大脑在参与加工过程中的痕迹也越清晰，越持久，也就越容易记住。

六是提高映射反复率的方法。在实际学习活动中，人们更多地采用重复性接触、重复性映射、重复性实践和重复性操作的方法，以增加信息影像性知识出现的频率。这样做，不但有效化解自我对于信息影像性知识的陌生感和迷乱感，而且还能有效地消解时间对信息或影像的弥散作用和遗忘功能。表面上好像磨灭了信息或影像的新鲜感，实质上却可以使最初建立起来的新鲜感在不断重复出现的过程中得到了延续和重演，并进而使新鲜感转化为亲切感和熟练感。

所以，有效引导学生让知识表象在头脑中多次复现，不但会产生“温故而知新”的效应，更主要的还会使记忆变得更深刻，保留的时间更长久。

七是提高思维理解力的方法。大脑不是机械，对事物信息或影像的映射不是为了简单的拷贝和复制，而是为了消化和解读信息或影像中所蕴含的相关意义。这就使得大脑的理解功能被派上了实际用场。理解也是一个拆解与组合的过程，可以对各种知识在结构上进行还原，在逻辑上进行拆分，在功能上进行整合，在效果上进行体验，这个过程对于有效加深记忆具有特殊的推动作用。

所以，人们对于事物的理解力在一定程度上也决定了对这一事物的记忆力。不但记住了它的形象，也记住了它的结构、功能、关系、道理；不但记住了它的个别属性，也记住了它的整体属性。

如果说，感觉映射的过程是一次“饮食”过程，那么，大脑思维理解的过程则是一次不折不扣的“消化”过程。没有消化，就是囫囵吞枣，要想让吃进去的枣儿尽快在自己的肠胃里实现消化，最好的办法就是先把这个枣儿咬碎嚼烂，然后再吞咽到肠胃里，这样才能更便于消化。只有被消化的东西才能与自己的血肉融为一体，成为真正属于自己的知识。这就是说，对于事物信息或影像的映射而言，也只有与自我完全融为一体的东西，才能彻底被记住，永远不会忘记。

人脑记忆七高法则，是人类学习知识和记忆知识必须遵循的基本规律。除此没有其他捷径可走。

人类同世界其他事物包括动植物等的主要智能性区别，就在于人类具有感性、知性、记性、情性、理性、悟性和统性，简称人类智能七性。

其中统性主要指统合运算、统筹谋划、通盘考察、统分结合的能力。人类智能七性是其他事物或动植物所不具备或者不足备的。

正是因为人类具有智能七性，才使得人与客观事物之间所建立或产生的联系被主观自我感知到、记得住，并进行通盘考虑，统筹谋划和统一驾驭。这些东西不是映入了主观世界，而是构成了主观世界本身。

特别是性情、情感、情绪，这是人与其他事物最大的区别，如果一株植物枯萎了，另一株植物不会感到遗憾，不会伤心，不会动情，不会痛苦，因为植物没有感情，但是人要是死了，其身边的亲人就会产生极大的伤痛和悲催。原因就是人在与其亲人相处的过程中产生了千丝万缕的感情。尽管有些动物也有感情，但人类凭借超强的记性，会对一系列感情事件刻骨铭心，难以忘怀，并深刻地影响着他的思维活动、价值观念和行为倾向。

四、人类知识的有限性

我们每个人都可以通过自证法观察发现，以上帝的吝啬，并未赋予人类任何一样可以用来直接感知时间的器官。

屈指算算人类五大感官，实在少得可怜，而且清一色都是直接用来感知空间事物的，这就很遗憾地造成人类头脑中从一开始便无法形成对时间的影像，以致使人类对时间的认识非常浅薄而模糊。

尽管人类自始至终都被时间和空间包围着，但我们可以轻而易举地发现：婴儿在出生后较长一段成长历程中，几乎无法获得对时间的感觉和认知。因为婴儿不但不能凭借自身的感官而形成对时间的映像，而且没有映像作为寄身或没有感觉作为媒介的认知是不能直接进入大脑的。更何况婴儿尚不具备通过空间物象的变化而抽象出关于时间观念的能力。可以断定，婴儿头脑中不存在对时间的映像，而只存在对空间场景或影像的映射。

对于时间的认知，人类只能借助一系列外在的空间参照物性质的媒介或仪器来实现，如借助于光影游移、昼夜交替、季节轮回、日晷测影、沙漏计量、钟表摆动等来推断和测定时间的存在。说明人类对时间的感知，只能依赖于空间物象的变化而间接地、抽象地体悟和领会时间的存在意义。这样我们就理解了为什么人类对时间的认识远比对空间的认识要晚得多的原因。

这一点同时也可证明，人类在其内部感觉被锁定在特定生理空间阈限内的前提下，以其外部感觉官能的有限性，并不能感知客观世界中的所有事物，而只能感知与自身五种感觉器官及其能力相宜的事物。

茫茫宇宙中存在的游离于五大感官能力之外的事物，并不限于时间，也不限于超越人类感知阈限的宏观世界和微观世界，也包括诸如磁场、电场、大气压、反物质、暗物质、暗能量，也包括超视觉不可见的光谱、听觉不可感知的声音、味觉不可感知的味道、嗅觉不可感知的气味、触觉不可感知的硬度等等，都是超人类感知阈限的客观存在。人类对它们的认识，只能借助各种工具或仪器来实现，例如望远镜、显微镜、光谱仪、脑电波仪、B超、核磁共振等等。这些工具或仪器对于人类认识宇宙来说，不过只起到一种媒介作用，相当于在一定程度上使人类感官触角增长了（但至今尚无法使感觉触角增多），感觉功能增强了，感知半径延伸了，认识范围扩大了。

但发明和制造这个媒介本身就已经是一件很了不起的事情，远比对对象本身的认识更难和更复杂。正像人们从宇宙飞船拍摄的火星图片上所获得的对于火星的认识，远比人们对于宇宙飞船这个媒介的研制要轻松得多。

这说明，造成人类认识宇宙的最大障碍并不是宇宙的无限性和复杂性，而是人类自身感觉功能在数量及其能力方面的极其有限性。倘若我们果真设定上帝的存在，可以想见洞若神明的万能的上帝或许是一个具备8种感官甚至180种感官的怪物，凭借多出来的感官及其功能，上帝可能会对人类无法看到听到嗅到尝到摸到的一切事物都洞若观火、心知肚明。为此，我们只能为人类自身感知能力之不足而倍觉可怜和悲哀。苏格拉底早就认识到，人类知识是有限的，这种有限性主要来自于人类自身认知能力的有限性。

人类认知能力的有限性和知识的有限性自然造成了意识的局限性和观念的局限性。

19世纪德国哲学家赫尔巴特相信，人具有一个智力机构，由它决定什么概念处于有意识状态，什么概念处于潜意识状态。它随情况的需要听从召唤，这就是所谓的“统觉机构”。

通过这个“统觉机构”，新的概念与既有的概念联系起来，而构成一个联想概念的基体，叫作统觉堆。一句话，新的概念，就是这样被旧的概念同化起来的。赫尔巴特据此还提出了意识阈的概念，意识阈的意思是，任何时候占意识中心的观念只容许与它自己可以和谐的观念出现于意识上，而将与它不和谐的观念抑制下去。意识并不是全部心理生活，在意识阈限以下，称为无意识活动。

赫尔巴特认为人的一切心理活动全都是观念的活动。观念是心的基本构成单位，由观念的交互作用而形成意识。意识是个人的知觉状态，是心之内容。意识中包括多个相互关联的观念。一个新观念进入既有现实观念状态的时候，必须跨越一道界线，这些界限便为意识阈，经意识阈之后进入众多观念的组合体，成为其中的一部分。

愿望和达成愿望的观念相结合，这就是意志。记忆是各种观念的活动或游戏。回忆是曾经被抑制的观念在意识阈以上的重新呈现。遗忘是观念被抑制到意识阈以下。如果把许多观念集中到某一事物上面，这就是注意和思维。观念向某一事物的大规模的积极的活动，是兴趣的明显标志，等等。赫尔巴特把全部心理活动归结为观念的游戏，实际上也就是把人的全部精神生活都看成是观念的游戏。

而条件反射与行为主义学说的基本要点则又有不同。他们认为有什么刺激就有什么反应。教师的教导与学生的学习就是刺激与反应的关系。但遗憾的是条件反射论根本不足以解释学生在学校所完成的整个学习过程和学习结果，因为学生作为接受刺激者和做出反应者，其经验、过去教导、现实态度及其判断能力等所构成的整个意识机构，无疑会在刺激与反应中起干预作用。单纯地增加刺激数量，未必得出等量的反应结果，因为刺激与反应不是完全在一对一的基础上联系起来的。

因此，行为主义的理论以刺激与反应这种公式作为概念形成和转移的依据，很难解释学生学习过程中所产生的不对等的差异性效果。但是，如果将我在上面所提出的记忆形成理论统合起来看，对这种差异发生的原因和机理就可以获得较为完美的解释。

因为人类一切知识、心理、意识、观念或精神，都是人体内外两个客观世界在大脑中映射的信息或影像资料沿着欲望力方向进行排列组合的产物。而任何信息或影像都是从感觉之门进入大脑之中的。人活着，其实就是感觉空间开放的过程，就是大脑对于来自于内外两种环境中各种信息影像在欲望力驱动下不断进行处理的过程；人死了，其实也是对感觉空间、意识空间或主观空间的闭合。这种闭合是随着眼神的弥散以及听觉、味觉、嗅觉、触觉和痛觉的消失为标志的。从而实现了主观空间的坍缩以及与客观空间的分离。

人类意识是有方向性的，这个方向即是欲望力所指引的方向。但方向仅仅是一种能结构的体现，意识的产生和存在还必须具备足够的质结构基础。科学家通过实验证明，人类大脑的前额叶是意识形成的神经基础，它与灵长类高度发达的智力有着明显的关系，被称为“脑中之脑”。在动物界中，只有人、大猿、海豚、大象和鸽子少数几种动物能识别自己的镜像。

人一旦从睡眠状态醒来，自身所具备的天赋的视觉功能和听觉功能往往首当其冲，成为感知客观世界的急先锋，其他感官则蓄势待发，相机而动，随时准备发挥各自特有的作用。在各种显在的或潜在的欲望驱动下，不停地观察和审视周围的一切，不住地将外界事物纳入自己的感官功能范围之内。这个过程，不止是为了满足感官的新奇感，也更是为了确认和保护自己存在位置的安全性、舒适性和有利地位，为了更多地发现可以捕捉的欲望目标及其机会。

就像渔夫捕鱼一样，不管眼前的水域有没有鱼或者有多少鱼，总要不断地把手中的网尽可能大开面地撒出去。一如人类的视野，不管看到的东西会否成为欲望目标，也都会尽可能地让自己看得更多和更远，以便对外在更多的客体事物做到心中有数，进而扩大欲望目标的选择范围和满足欲望的可能性机缘。

事物的信息或影像一旦投射于人类的大脑中，它便瞬即从事物自身结构中游离出来，不再附着于事物本身，而是飘入了大脑并幻化成一种与特定欲望有关的意义符号。这个意义符号尽管还不是语言文字符号，但它却是形成语言符号的原始雏形。每一单个的信息意义符号或单个的影像意义符号就是构成人类意识或人类精神世界的“基本粒子”，就是我在本书系中提出的“意子”的概念。

在每一个语种中，可以理解为代表一个单独事物或表达一个单独意义的文字或词语，代表了一种事物本身自有的规定性和确定性。而多个信息或影像呈现在同一个场景中，就会实现多个信息或影像符号之间的粘连、叠加和链接，亦即多个“意子”之间形成另一种没有特定语法规则的特殊的句组形式和模糊的语义表达效果。

大量的信息资料、影像资料注入大脑或以表象形式呈现于大脑，不但构成了人类知识的主体框架和基本内容，而且也蕴含着一种潜在的无声的表达。信息符号性语言、影像符号性语言或表象符号性语言，虽然是人类语言表达的原始形式和初级形式，但它所蕴藉的内容比人造的语音文字符号性语言或表意文字符号性语言，更丰富、更精确、更严密。语音文字符号语言或表意文字符号性语言，只能是对于信息符号语言、影像符号语言或表象符号语言的临摹和仿照，因此也永远不可能达到与原始信息或影像及其表象内涵完全吻合的精准性和确实性。

人类的自我意识正是在这种信息符号语言、影像符号语言或表象符号语言的表达过程中初步形成的。从物理学的意义上说，人类离开了参照物的观察是得不出任何主观判断的，包括存在感也是在一定参照物的比照中产生的。外在客观事物的“他者”在大脑中的成像，成为自我存在的客观参照物，或者说，外部世界就是自我存在的参照系。没有这个参照系便不可能产生自我存在感，不可能产生自我意识。

正是有了这个外在的客体参照系，在主体自我与客体事物之间才产生了一种互动性表达。一方面，生理内环境信息激发主体自我产生了向外在环境目标发出欲望性表达的意志倾向。另一方面，外部客体目标以其在大脑中的成像式表达，构成了与内在自我意志的呼应与反馈。主体自我正是在这一互动性感应、对接和表达过程中，才有效地完成了汲取外部知识的过程。主体自我依据内觉性欲望感应的范围、欲望体验的记忆、欲望目标的设定，通过对外在事物影像或事后表象的辨识，而实现利己性的认知与选择。很显然，这种带有利己倾向性的认知和选择完全是内在欲望驱动的结果。

人类是首先汲取知识而后形成意识，还是首先具有意识而后汲取知识？这个问题绝不像"先有鸡还是先有蛋"的悖论那样难缠，而是像先有物质还是先有意识一样便于理解。知识首先存在于客观世界，一旦被自我感觉的触角捕捉到，便成为信息性或影像性中观知识。当中观知识被赋予特定的欲望意义之后，便上升为表象性主观知识并形成意识活动。只有主观知识才能成为指导人类实践活动的有用知识。

第六章　欲望与表象

——表象在欲望方向上的展现与链接

人一出生除了由皮肤严丝合缝包裹着的内部感觉之外，同时还挟带着“眼、耳、鼻、舌、身”五大外部感觉类兵器来到这个世界上打拼。处于内外环境中的各种事物信息，总是连续不断地涌现并作用于人体感知器官上，最终传导到大脑中并在不同脑区留下记忆痕迹，从而为后续表象性意识活动提供了基础性材料储备。

这些材料有的来自于内部感觉，如饥、渴、胀、晕、累、困、痛、痒、便等等内觉性信息材料；有的来自于视、听、嗅、闻、触等外部感觉，如影像、声音、味道、气息、软硬、滑涩、冷热等外觉性信息材料。这些信息材料一旦从感觉层面上升到欲望层面，便转化为具有特定欲望指向的意义符号。

当其存储于大脑中之后，一旦再次受到相同、相近或相似的欲望力的冲击和驱动便随时可能重新复现出来，形成表象。当大脑中有多个相关意义符号按照特定欲望方向进行表象性拼接、黏连、选择与重组，便形成连续的意识活动和心理活动，亦即意识流或心理流。所以，个体自我针对某一事物所映射的信息或影像即是构成自我意识活动和心理活动的最基本的元素。

外在事物以影像的形式投射并存储于大脑中，就像被拍摄于录像机的胶片上一样。这个拍摄过程仅仅是智能反应过程和记忆刻录过程，还不足以上升为真正的意识活动。所以，事物影像仅仅属于中观世界的内容，是客观世界向主观世界过度的中间介体性内容。只有当这个影像转化为表象之后，才属于真正的主观世界的内容。

也就是说，事物以影像形式映射并存储于中观世界的神经介质上，这个影像已经不再是纯粹客观事物本身，而仅仅是客观事物的代码或代号，也不是纯粹主观意识本身，而仅仅是主观意识得以形成的基本材料和备用信息，只有被赋予特定欲望意义而以表象形式重新呈现时，才代表了纯粹的意识内容和意识活动。

大脑对于各类影像信息，天生具有存储功能、放映功能和解读功能，这个存储过程就是记忆过程，这个放映过程就是表象过程，这个解读过程就是思维过程、意识活动过程和观念形成过程。

一个人随着阅历的增长和扩大，投射并存储于其大脑中的影像信息越来越多，一旦经由某种特定欲望力的驱动，便会在大脑胶片上被重新激活，被感应出来，被翻弄出来，被倒腾出来，并依次被驱动到大脑皮层具有放映功能的特定装置上，这时处于运动状态的大脑胶片就会对留存于其上的影像图景或经验情景产生一种连续的和动态的类似于幻灯片或过电影一样的放映效果。虽然，自我大脑胶片上存储着很多来自于不同时空序列或不同场景中的影像图景照片或情景信息记录，但每一张图景照片或信息记录其实都是各自独立的。就像一篇文章印刷在白纸上一样，上面显示很多很多字符，但每一个字符都是各自独立的，彼此不知道对方的意思。而大脑在特定欲望力驱动下，却可以成为这些字符最直接和最忠实的读者，可以读懂每个字符的意思，而多个字符串连组合在一起，自我大脑也可以沿着欲望力所指引的方向读懂每个词、每句话、每篇文章的意思。

这些意思其实就是大脑对这些影像图景照片或情景信息记录所对应

的各种客观事物与自我欲望之间的关系与功用的解读。不同影像图景照片或不同情景信息记录以表象形式在大脑中的联动与复合，都可能对事物产生觉知，产生联系，产生情感，产生心理倾向，产生理性思维，产生思想意识，产生精神境界，并最终对欲望目标的达成或欲望满足方式的选择提供有效的方法指导。

一般地，与自身任何欲望毫不相干的影像信息不会产生鲜明的刺激效果，因此也不会被轻易赋予特定的欲望意义。而人类的记忆存储器也是一个特殊的势利性装置，对于与自己欲望无关且没有鲜明刺激效果的影像资料会悄悄丢进垃圾箱里，时间长了可能会彻底予以删除，这便是大脑所特有的忘记功能。

我们知道，到目前为止，人类只能制造出录像机和录音机这两类只针对视觉和听觉的信号记录仪器，而针对于嗅觉、味觉、触觉、性觉、倦觉、困觉、性觉、情觉、理觉、灵觉等方面的信号痕迹还未发明和制造出相应的记录装置。而大脑似乎比后天制造的任何仪器都要高级得多，它对每一种内部感觉或外部感觉所捕获的刺激信号几乎都能记录在案，并分别储存在大脑皮层的不同部位。

我在本书系中把内部感觉和外部感觉所捕获的各类刺激信号及其记录统统称为影像。这样，在本书系中，影像的概念不仅包括外部感觉式的，如图景式印记、声音式印记、嗅觉式印记、味觉式印记、触觉式印记、性觉式印记的等等，也包括内部感觉式的，如饥、渴、胀、晕、累、困、痛、痒、便等等，还包括内外联系式的，如情觉式印记、理觉式印记等等。这些来自于内外两个感觉层次的信息叠加在一起，就像影集一样珍藏在大脑特定的记忆存储器中。在这里，影像的概念就可以替代物象、形象、音像、情境、情景、场景、感受、体验、作用、联系等一切描摹事物属性与特征的词语。

一、眨眼成像效应

视觉影像形式在人类各种感官所形成的各种信号中，不但是最显著、最鲜明的，而且由于视觉常常是其他感官接受刺激信号投射时的坚定陪护者，即其他感官在发挥功能作用的同时，视觉一般也都处于清醒的工作状态、巡查状态和监督状态。所以，与其他感官所接受的刺激信号相比，视觉影像是最多、最连贯和最鲜明的。视觉影像形式好比照相机的快速连拍，亦即采取同一方向、方位和同一拍摄角度的不间断拍摄。眼睛注视某一景象或某一事物时的瞬间眨动，使得视觉影像总是被不断启闭开合的眼睑切割成一段一段的、一张一张的镜像、图景、场景的蒙太奇效果。

我这里重点谈谈视觉影像的成像原理。人的眼睛如同一架高级照相机或摄像机，眨眼动作远远不限于对眼睛的保护功能，更不限于交流暗示的辅助功能，而主要在于成像功能，就像照相机或摄像机的快门拍摄功能一样。

人类和其他动物一样，从一出生第一次睁开眼睛，到临死时最后一次合上眼睛，不可能依靠视觉功能或其他感官功能而拍摄成一张一以贯之的影像长卷。不要说一生中有多少次睡眠合眼，就是在短短一天清醒的时间段里，眼睛的眨动可能也不少于上万次。别小瞧人类所具有的这个眨眼动作，它就像照相机的快门一样，把一个景致或多个景致拍摄成无数个影像图片资料，每眨眼一次，便形成一张图片。睁眼时形成的是影像，闭眼后便可转化成表象或印象。仅仅在眨眼的一瞬间，前一秒钟的景致与后一秒钟的实物便成为永隔。幸好大脑具备独特的记忆功能，随便可以将前一秒钟映射的影像保留在记忆的存储器中，而在后一秒钟即可转化为表象再度呈现出来。

大脑对于客观事物进行实时影像性拍摄并留存于记忆存储器中，是通过眨眼动作特别是深度眨眼动作完成的，是通过眨眼功能实现的。如果有哪位尊者不相信我给出的这个结论，尽可以拿自己做一个小小的实验：让自己睁开眼睛注视或者凝视一个景物或一个事物，不要让眼睛眨动，不要让眼睛走神，这样持续几秒钟或十几秒钟之后就会发现，眼前的这个景物或事物所形成的影像是无法遁入记忆之门的，是无法在大脑中形成表象的；接着让眼睛眨动一下，或者干脆闭合双眼片刻，这就相当于对眼前事物的影像做了一次切割、剪辑和拍摄一样。这时就会发现，被切割、被剪辑和被拍摄的影像可以在头脑中重现了。这说明刚才的实时影像已经转化成了记忆中的表象，成为一种长久的存在物，而保留在了大脑的记忆存储器中。

这就证明了眨眼对人类记忆的形成、表象的生成、知识的集成和意识的产生具有特殊作用。也是人类将外界事物映射为影像、收藏为记忆、演绎为表象、积累成知识和递嬗成意识不可或缺的环节。我们把通过眨眼动作将实时影像收藏为记忆，并在事后随时可以借助欲望的驱动而切换为表象的现象，称为眨眼成像效应，或简称眨眼效应。

每一次眨眼，从严格的理论上讲，都能形成一张影像图片。针对一个事物所形成的诸多影像图片，最后会在内容和形式上合成一张具有共性的表象图片而留存在记忆中。同时，在个体感知功能处于正常水平的情况下，记忆的长久度、表象的清晰度取决于影像映射的清晰度、眨眼成像的次数和对事物的注意度（注意程度）。

影像映射的清晰度和事后表象的清晰度，一方面取决于事物本身的清晰度，亦即事物七性信息越清楚，越分明，则对其映射的影像越清晰，事后复现的表象也越清晰；另一方面取决于眨眼成像的次数，亦即针对同一事物的客观七性信息感知的时间越长，对其眨眼的次数越多，相当于照相机的多次连拍或摄像机连续摄像的效果一样，可以通过多次成像而实现多角度、多层次拍摄，因此其清晰度也越高；还有一个方面是取决于对事物的注意度，主体带着明确的欲望驱力而对事物进行感知和聚焦，对事物带有浓厚的兴趣，会自觉或不自觉地将自身所具备的各种感知能力尽可能多地投入到这一事物上，其眨眼拍摄的效果就会好得多，否则，便会心不在焉、走马观花而形成模糊的影像，事后表象当然也不会太清晰。

当然，除了以上三个因素之外，自我感知功能存在的差异，也是影响影像映射清晰度和事后表象清晰度的关键因素。世界上每个人的视力、听力、嗅觉力、触感敏捷度都不是整齐划一的，这就导致五官综合感知能力也千差万别，其映射影像的清晰度和表象清晰度自然也各有不同。我们还发现，在同等程度的注意力条件下，人在单次眨眼过程中，眼睑睁开时间的长短与影像形成的清晰度具有一定的关系。

一般地，注意力越集中，睁眼看的时间越长，形成的影像清晰度越高，反之则越模糊；同样的，眨眼过程中眼睑的闭合时间与影像映射的清晰度和事后表象的清晰度也具有一定的关系，而且闭眼沉静的时间越长，则影像映射的清晰度和表象的清晰度也越高，反之则越模糊。眨眼效应对于影像的生成、记忆的合成、表象的化成、知识的集成与意识的形成具有采集、存储、积累、识别、拆分、剪辑、黏连和处理等一系列特殊作用。

我们进入思考状态或进入意识活动状态，所依靠的不是别的东西，完全是靠头脑中所存储的若干影像信息实现的。没有影像便没有表象，没有表象便没有联想，便没有想象，便没有思考，更不会凭空产生任何思维、意识、心理、情感、情绪、理性、灵感、悟性、思想、精神。而这一切，其实也都与眨眼效应密不可分，不仅如此，个体聪明度差异或者说智商差异也与眨眼效应息息相关。

眨眼不过是人类视觉对事物影像进行切割的最小单位，相当于以每秒为计时单位的拍摄速率在工作，加上影像实时映射与表象即时切换处于连续进行当中。这无疑使通过不断眨眼而拍摄的若干影像呈现流动性泛滥和高频率堆叠与积压状态，从而难免使影像在稍纵即逝的瞬间而幻化成的表象效果相对比较模糊。如果不经过深度合眼的再现过程，很难形成一张完整静止的清晰的表象定格。这就说明，眨眼成像具有一定的模糊性。

二、睡眠成像效应

人类睡眠对事物影像进入大脑后实现了以每天为单位的切割。睡眠对每天映射的影像具有深度存储、有效消化和记忆沉淀等特殊的作用和影响，特别是入睡前的朦胧状态，往往会将一天经历中所形成的影像资料或表象资料进行一次自觉或不自觉的简单整理、滤化、深化、静化、欲望化、关系化、情感化、理性化和精神化。

一般地，一个人在一天中接触并映射的事物影像通常会以一种整体而模糊的形式存储在头脑中，并自动进行以一天为单位的连贯性统合。我们把通过睡眠将一天映射的影像进行沉淀、整理、过滤、静化和自动统合之后而形成的具有一定欲望指向的整体记忆形式或重点记忆效果，称为睡眠成像效应，简称睡眠效应。

睡眠成像效应对人类记忆的深化、表象的叠加、知识的积淀和意识的形成也具有不可低估的作用。

三、注意力转移成像效应

对于影像转化为表象并由此而实现大脑对事物记忆功能的关键环节，除了眨眼成像效应和睡眠成像效应之外，还与注意力转移成像效应密切相关。注意力的转移对影像幻化为表象起到切换作用，即每转移一次注意力，大脑都会自动将前一事物的影像即刻切换为表象，并保留在记忆的存储器中。我们把通过注意力转移将实时影像切换成记忆的现象，称为注意力转移成像效应，简称注意效应。

大脑从对甲事物的注意转移到对乙事物的注意的过程中，可以使甲事物的影像瞬间被切换成表象，就像照相机或摄像机切换镜头一样。对这个效应,你也可以通过自身实验获得结论:你把注意力集中在甲事物上，可以是聚精会神看一件物品，也可以是全神贯注听一种声音，这时忽然出现一种干扰——可能是有人在敲门，或者有人在呼喊你的名字，或者一声异响惊动了你，你的注意力随着敲门声、呼喊声或那一声异响而发生了转移，你的视觉、听觉等都随着注意力的方向几乎同时移转过去，这时候，前面看到过的那个物品的影像，或者那种声音的影像，便会即刻遁入你的记忆存储器并随时可幻化成一段比较完整的表象。注意力转移成像效应对于人类记忆、表象、知识和意识的形成也起到特殊的定格、拉动和集结作用。

注意力转移体现在我们日常生活的各个方面。比如，对于昨天一天内发生的事物整体性表象的某一细节镜头回放的倾注，便是从整体到个别的转移；当目光从一个景色转移到另一个景色，或听觉从一种声音转移到另一种声音，则是发自同一感官关注点的跳跃性转移；从视觉的色彩转移到嗅觉的味道上，或者从对象的声音上转移到对象的容貌上，则是发自不同感官关注点的多元性转移，等等，都是注意力转移引起的感觉切换（或影像切换，类似于蒙太奇效果），并由这种切换而将前一影像转化为表象。再举一个听觉切换的例子：我们站在大街上，耳边响起一阵鞭炮声，此时又传来一阵警笛声，注意力可能会在一定程度上忽略了鞭炮声而集中在警笛声上，从而实现了听觉系统中不同音像的内部切换与分割。

从注意力转移成像效应中，我们发现了大脑表象的形成与注意力之间的特殊关系，注意力作用在哪里，就会在哪里形成影像及表象。注意力集中程度越高，所形成的影像和表象也越清晰明确。19 世纪俄国教育家乌申斯基格外注意到了“注意”的重要性，他曾精辟地指出：“注意是我们心灵的唯一门户，意识中的一切必然都要经过它才能进来。”关于注意的特殊作用，我在讨论“物性欲望”一节中也曾特别提到过。心理学家认为注意是人的心理活动对外界一定事物的指向和集中，并把注意的能力称为注意力。

从我所研究的欲望动力心理学的理论上看，注意和注意力都是人类欲望的特定产物，没有欲望的驱动和诱使，是不可能产生注意或注意力的。所以，我认为，注意就是大脑中枢神经调动全部感官集中于自我欲望所倾注的特定事物上，以便从中功利地获得对事物的清晰、深刻和完整的反映，是大脑中枢神经对感觉、知觉、思维、意识等活动进行机动协调、统一调度、有效控制之功能的具体体现。而注意力就是人的欲望驱使大脑中枢神经针对某一特定事物或点位而调动各大感官给予专门关注的聚合力和统摄力。

有些心理学家把注意分为无意注意和有意注意。无意注意也叫不随意注意，是指主体对周围发生的事情所做出的无目的性的关注，这时所发生的注意过程叫做无意注意。它不需要我们做出什么特别的努力，往往是在周围的事物发生变化的时候自然发生的。

无意注意从表面上看好像与任何欲望无关，实际上我认为没有任何目的的注意是不存在的，只是目的的明确程度不同而已。比如，身边偶然发生一起与自己无关的打架事件，引起了你的注意，这种注意表面上看无关于你的任何目的，但可能出自于你的好奇心或新奇感。而好奇心和新奇感本身就是人类所特有的一种欲望形式，也是人类产生求知欲的内在驱动力之一。

有意注意也叫随意注意，是指主体有目的地去关注周围所发生的事情。它是一种意志努力的结果。有意注意对于人的发展十分重要，没有这种有预定目的的注意过程，人们无法有效地完成各种生存和发展的活动。其实，有意注意相对于无意注意只是在欲望或目的的明确程度上有所区分：前者的目的性比较隐晦，不很明确，可有可无；后者的目的性非常明确，受主体欲望驱动和意志控制而应该或者必须完成的认知活动。

按照人体感官分类，我这里把注意力分为视觉注意力、听觉注意力、嗅觉注意力、味觉注意力、触觉注意力和意念注意力。前 5 种注意力属于外觉性注意力或外视性注意力，是针对于某一外在特定事物映射于大脑而形成影像过程中的实时发动。注意力可以在同一类型的感觉方式中实现转移，比如视觉注意力从一个物象上转移到另一个物象上，听觉注意力从一种声音上转移到另一种声音上。

注意力的转移还可以在不同类型的感觉形式中发生，比如从老师写在黑板的板书上转移到教室门外的敲门声上，从听觉注意力集中的电视声音上，转移到视觉中的电视画面效果欣赏上，或者从视觉中注意到的一道菜肴的色彩用料上，转移到这道菜的嗅觉味道上，等等，都属于不同感觉方式的注意力转移现象。

而意念注意力，属于内觉性注意力或内视性注意力，是大脑对内觉性信息（即内部感觉所获得的内环境信息）或记忆存储器中业已存储的外觉性信息（即外部感觉所获得的外环境信息演变为内在表象之后）的集中体会、联想、思考、分析、推理或整合，以便获得利己性或真理性的结论。比如，你集中精力思考一件事时，你的意念注意力就在这件事上，这时你的大脑神经往往绷得很紧，无法空出余力去思考另一件事，而要想思考另一件事，就必须将前一件事临时搁置，让意念注意力转移到另一件事上，这样才能对另一件事进行有效思考。

当然，外觉性注意力也可以转移到内觉性的意念注意力上来。比如视觉正在聚精会神地看一幅画，须臾间，目光可能突然变虚而失神（这是注意力转移的反应），头脑中映现出过去某段岁月中一段相似的画面情景，并由此联想到一个颇为感怀的故事。故事中那些人物和事件的表象历历在目，并对其间所受荣辱慨叹不已。此类情况便是外觉性注意力向内觉性注意力的转移。

这说明，人的感觉、知觉、思维总是随着注意力转移而不断发生转移、切换和调整，以致从一个刺激信号切换到另一个刺激信号上，从一个刺激信号的影像切换到另一个刺激信号的影像上。或者从一种官能感觉切换到另一种官能感觉上，或者从内觉性注意的事物表象转移到外觉性注意的事物影像上。或者相反，而是从外觉性注意的事物影像转移到内觉性注意的事物表象上。我把人的感觉或思维总是跟随着注意力的转移而转移的现象，称为走神现象。

走神现象在生活中几乎每时每刻都在发生，有的是从面到点的游移，比如从视觉中的宏观的一片高山场景及其影像，游移到山景中一棵具体的松树及其影像上。有的是从点到面的游走，比如从一棵具体的松树及其影像上游移到松树的整体背景或整个群山场景及其影像上。在一场交响乐演奏中，从音响的整体效果中把注意力转移到钢琴的单一音响上，就能对钢琴的声音留下特定的乐感记忆。还可以从钢琴的单一音响中切换到交响乐的整体音响效果上，这样就会对交响乐的整体效果留下记忆，说明人的感觉是可以在点与面的影像中不断切换的。每一次转换过程都是某种影像图片的瞬间定格过程。

这说明感觉或思维的每一次走神，都会形成一个前置的被定格的影像。我们在上学听老师讲课时，经常被提醒要注意听讲，不要走神，说明走神是注意力转移的标志。一旦发生走神现象，老师传授的知识便脱离了进入大脑思维系统的神经传导轨道，就像一辆车失去了前进的方向，或者此岸与彼岸之间的桥梁彻底发生了断裂一样。

正是缘于走神现象的存在，才使人类头脑中形成的影像或表象只能以零散的、琐碎的、片段的方式呈现或复现，也正是在走神的过程中，才使得各种影像或表象被不断地定格和碎片化的沉积。当这些影像被赋予特定的欲望意义之后，便具有了知识的底蕴。我将这种以记忆形式保存下来的影像性知识，称为本始知识。影像性本始知识在头脑中的不断复现或外在相应事物的影像在眼前的不断重现，则对个体自我头脑中形成的本始知识起到不断强化和巩固的作用。

四、别离成像效应

事物在感觉上的消隐或终止，也是影像被切换成记忆或转化为表象的一大因素。夜色垂幕，眼前景色渐趋模糊，直至消失，或者一个人影转身离去，或者一个声音戛然而止，都可以使眼前的或耳边的影音资料被切断、被存储，并继而切换成一种表象效果，在大脑中形成不完全的零散的、片断的表象资料。我们把认知主体通过与事物之间发生的别离事件导致事物从影像到记忆的切换，进而有可能随时形成表象的现象，称为别离成像效应，简称别离效应。

正所谓“人世间没有不散的宴席”，不管是人与人之间，还是人与物之间，总有分别的那一刻。就从那一刻开始，离别的人或事物在自我头脑中形成的影像便很快被定格、被存储，并随时可能会切换成表象。这个表象的清晰度与相处时产生的影像清晰度成正比，而且人们往往与那些同自己关系重大的人或物最后离别时的那一次影像效果更加记忆犹新。同样的，别离成像效应对人类记忆、表象、知识、意识、情感等的形成与积淀也具有重要的启闭、开合、置换、促动等作用。

上面我们讨论的眨眼成像效应、睡眠成像效应、注意力转移成像效应、别离成像效应等4种效应，都是人类映射、定格和存储各种影像信息、形成表象信息，进而踏入意识、心理、观念、精神等主观世界之门的关键环节和必由之路，也是人类知识积淀和意识形成不可或缺的重要途径。我将人类神经系统所具有的这4种信息存储功能或效应统称为人类记忆形成原理。

第七章　欲望与语言

——语言是欲望向意识转化过程的表达性载体

人类由神经智能和大脑意能所组建的信息传输、存储、汇总、加工和处置系统，在欲望力的驱动下，对于知识具备最基本的能动性表达功能。知识首先产生于人体信息系统之中，产生于自我欲望性表达意义之中——即产生于内部感觉与外部感觉之间所存在的对应性关系之中，产生于内在匮欠与外在目标之间所存在的感应性关系之中，并由此使自我在内外信息的流转中产生了知性反应，产生了对信息意义的基本确认和定格。这种完全存在于自我内部的知性反应，属于内在知性。

但仅仅具有内在知性，并不能使自我获得真正意义上的欲望满足，并不能把外在特定欲望目标真正“拿来”填充到自我匮欠中去。所以，只有将内在知性传导给外在目标性他者身上，转化为外在知性，亦即让外在特定目标或主宰这一目标的特定欲权人，也能够获知于“我”的意思，领受于“我”的意思，才能使内在知性转换为外在知性，使自我内部表达转换为自我外部表达，从而使内在自我与外在目标之间建立了有效对接和互动关系。

这样，“我”的知识也就变成了对象性目标的知识，变成了社会性他者的知识，变成了可以改造自我、改造社会和改造自然的有用的知识。

我们知道，任何一种知识都具有可存储、可演绎、可描述、可表达的性质。具体表达方式既可借助声音符号语言来表达，也可借助文字符号语言来表达，而且每一种表达都是在欲望驱力的作用下进行的。除此之外，人类还可以借助体态语言、情态语言或行为语言等其他多种方式进行信息传递和知性表达。

一、内隐语言

我们把各种信息符号，包括影像符号或表象符号及其所包含的欲望意义，在未能实现对外表达之前的存在形式，称为内隐语言。

内隐语言是一种内在隐性的未对任何对象性他者做出明确表达的只能自知自解的语言形式，也是只能意会而未予言传的自我内部表达形式。我们把主体自我借助内隐语言而实现的欲望性、意念性、自知性、预备性或隐匿性表达形式，称为内隐表达。

内隐表达是仅有自知之明、自觉之悟的内在自我欲望性表达形式。因为未予实现针对外在特定对象的互动性表达，而只能以心理活动的形式而深藏于内心深处，这种语言所承载的意义，可称为隐藏性意义，即在内心隐而不发的心里话。比如生活中有些人欲言又止，有些人笑而不答，有些人守口如瓶，有些人闪烁其词，也有些人鉴于某种情境而难以启齿，这其中所隐瞒的意思表示都属于隐藏性意义。

其实远不止于此，人们在日常生活中，缘于天赋的求知欲，时时刻刻都会依赖于眼耳鼻舌身等感知器官捕捉和采集各类事物的影像信息。这样日复一日，年复一年，大脑中存储和积淀的影像信息浩如烟海，无以数计。而且以世界万物之繁复，人间万象之纷纭，使得每一个信息或影像及其表象都具有不同的特点，即便是两片树叶所形成的影像或表象，也不会是完全相同的。

这就意味着，每一个影像或表象都蕴含着或多或少、或大或小的欲望意义。而不同的信息或影像及其表象也必然蕴含着不同指向、不同属性、不同层次、不同关系、不同效能的欲望意义。一旦某种欲望活跃起来，那么，在记忆存储器中与之相关联的表象就可能即刻被激活，变成显知识，并以其特定的意义为欲望的满足提供指导和启示。而其他更多的信息或知识只要不受到欲望的干扰，便会常年按兵不动，沉寂不语。这些按兵不动、沉寂不语的信息或知识，其数量之大，宛如汪洋大海，无边无际。这些信息或知识所承载的语言意义，可称为潜在性意义。

每个人的头脑中都存储着博大深厚、包罗万象的潜在性意义，也许这就是弗洛伊德所说的潜意识。

另外，潜伏于大脑深处的信息，并不是每一个信息符号都具有明确的意义指向。虽然它们都存储于自我大脑之中，却未必明白其中的真正含义或深层含义，包括其属性、关系、原理、功用、规律等等，或许经过长期沉淀和发酵之后，缘于某一次特殊机缘的欲望性驱动或启示，会偶然顿悟其中的机理或意义，或经过后期新的影像、新的表象、新的知识的冲击和化解（相当于一种特殊的化学反应），而使这些沉积日久的信息符号呈现出具体而明确的含义。

就像儿童背诵古诗时，未必真正或完全理解每一个诗句的含义，待到知识和经验积累到一定程度，或经过老师的讲解和点拨，开始对以前背诵的古诗有了全新的、透辟的理解。当然，也有一些模糊的信息符号自从映射到头脑中之后，终其一生也未能解开其中的奥秘和玄机。这就意味着，在我们每个人的大脑里，都存储着一些模糊不清的信息符号，对其所承载的不甚明朗、疑惑不解的意义，可称为疑惑性意义。正是这些疑惑性信息的存在，才促使我们人类一心向学，不耻下问，孜孜以求，并由此不断实现化疑解惑的目的。

还有一种情况，就是有些语言曾经在某些特定的场合和特定的时期使用过，后来时过境迁，或者语言时尚发生了改观，从而使这些语言失去了新鲜感，或者失去了用场，由此退隐到记忆深处，变成了内隐语言。

对于这种语言所承载的意思，可称为废止性意义，即曾经表达过一次或数次之后便不再重提，或是忘记了，或是作废了，或是一改初衷而另寻主张了。一般而言，我们生活中总有一些曾经使用过但后来因为某种原因而被废弃不用的旧知识，这些旧知识就应该属于内隐知识范畴。

事实上，人类自出生开始，就有了语言表达。婴儿出生后的第一声啼哭，其实就是一种有声语言表达，其含义大旨是对于外部世界的温度、光线、声音等新环境和新刺激的不适和惊疑性反应。其在母腹中的环境与外在环境所形成的落差必然使其产生一种不适性的负欲望，其啼哭所表达的即是对这种负欲望形式的不满。除此，婴儿还可以借助肢体语言(蹬腿）、情态语言（哭笑）等语言形式来表达自己对刺激的感受程度和欲望倾向。这也是一种本能性表达方式，是一种极为有限的简单的对外表达。正是缘于这种表达方式所存在的显而易见的模糊性和不精确性，才使得婴儿在整个成长过程中，不得不致力于学习其他更精准和更系统的语言表达形式，即语音符号语言形式和文字符号语言形式。

在学会识别和采用语音符号或文字符号语言表达方式之后，人类对于知识和意志的表达便进入了简明便捷和快速传播的轨道。特别是文字符号的创造和使用，更使人类的语言表达攀上了其他动物无可企及的高度，从而使人类的文明借此插上了迅速腾飞的翅膀。

语言是对意义的连接，其本身是内隐的和不可感知的，但它们却可以转换成可感知的外在形式，以这些外在可感知的形式来承载其意义。所以，任何一种语言形式都不过是可以外现出来的可感可知的载意符号的连接，包括面部表情符号、肢体动作符号、语音符号、文字符号、图片符号、色彩符号、影像符号，以及借助其他形象、温度、亮度、味道、气味、触感等可感知的实体性符号，都可以承载特定的语言意义。

二、外显语言

我们把个体自我借助载意符号而对外部世界或外部目标对象而表达出来的语言形式，统称为外显语言。同时，把人类借助外显语言而实现的可传播、可转达、可意会的对象性表达形式，称为外显表达。

正是借助外显表达方式，人类个体自我才实现了与外部世界的对象性交流与沟通，人类个体的社会性才得以有效拓展和延伸，有效呼应和互动。特别是语音文字符号表达方式出现以后，语言表达的精准性、便捷性和有效性获得了长足的发展和突破性的进步，从而为人类知识的传播、思想的交流、行为的互动、文明传承创造了有利条件。

语言是对知识或经验的表达性载体，凡是显知识和显意识，都必然要以外显语言形式进行表达和交流的，都必然是通过欲望力的驱动来实现的；凡是潜知识和潜意识，都必然要以内隐语言形式存储于自我内心世界之中，没有欲望的激发，便不会浮出水面。

根据万有感应定律，任何事物的存在或出现，对于人类而言都是有意义的。任何意义都是在自我欲望力驱动的方向上产生的，并且也都是可以转化成特定的语言形式进行表达的。换句话说，任何意义都必须借助特定的语言符号来承载。人类所能借助的载意符号大体可以归类如下：

①以体表意，即主体自我通过眼神、面容、表情、动作等体态载意语言符号形式表达特定的意义。

②以音表意，即主体自我借助和利用声音载意语言符号形式表达特定的意义。

③以字表意，即主体自我借助或采用文字载意语言符号形式表达特定的意义。其实，大多数文字符号同时也是语音符号，绝大多数文字符号一般都配有约定俗成的语音，音义与字义往往是契合一致的。但有时

也有特例，比如有人学外语，只学会了字义，却没有学会读音，因此便出现了“哑巴外语”“哑巴中文”等只能依靠书写才能实现外显表达的情况。

④以图表意，即主体自我借助或采用特定图形载意语言符号形式表达特定的意义。比如一些徽章、路标、牌匾等图片符号，虽然含有特定的意义指向，却没有特定的读音，因此其传播功能就会比有声文字符号更逊一筹。

外显语言已经脱离了信息寓意、影像寓意或表象寓意的内隐阶段，而跨越到了语音寓意或文字寄意的灵活表达阶段，实现了知识在时空序列中的广泛传播和知识层次的整体飞跃。

三、知识、语言与意识

在此，我用作图形式将欲望、信息、影像、表象、知识、语言、意义、显意识、潜意识的形成过程及层次关系总结如下，见图 7-1：

图 7-1 描述了人类知识、语言和意识的形成过程及其层次关系。自

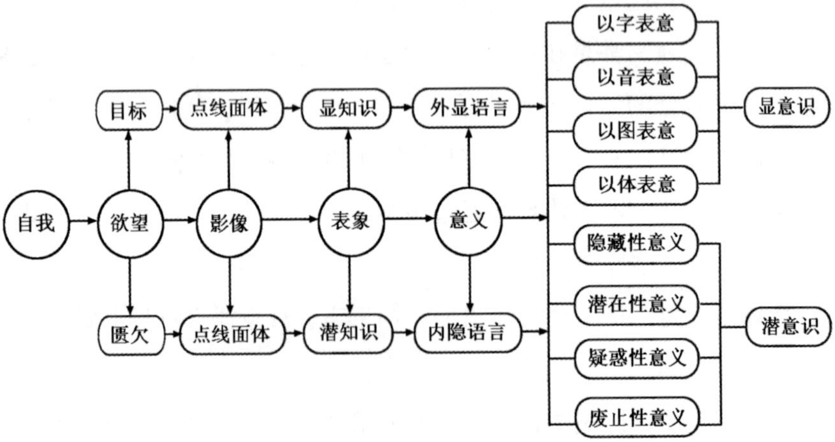

图 7-1 知识、语言和意识的形成过程及其层次关系

我在这里代表个体自我大脑及其所控制的全部神经系统，表明人类一切心理现象、意识现象、精神现象都是在人类神经系统或信息系统中展开的。人类在骨子里最关心的并不是外界事物，而首先是自我，并通过关注外界事物而实现对自我本身的呵护和保全。于是，欲望便成为个体自我第一关心的最大事件。自欲望开始，人类的精神世界才徐徐展现出来。

欲望在神经电场域中总是以二象性形式呈现出来，一者为匮欠，一者为目标，二者共轭而行，缺一不可。正是缘于欲望力的驱动，才使得人类自我开始把目光投向外面的大千世界，于是便接触到了外在客观事物的诸多影像。

从个体自我的注意力所集中的一个点开始算起，借助事物之间的联系，逐渐延伸为一条线，逐渐扩展为一个面，逐渐形成为一个体，于是便有了点知识、线知识、面知识、体知识的渐次呈现。

这些知识首先以信息或影像形式开始进入人类大脑，并在欲望力的驱动下，有的被激活为有现实用途的显知识，有的被尘封为无现实用途的潜知识。

由于一切知识都具有可以描述、可以表达的特性，于是出现了各种各样的载意语言形式。其中显知识通过外显语言形式表达出来，其所表达的过程和内容便是外现于对象性他者的显意识，与社会其他成员形成一种互动性交流关系。而潜知识由于没有被欲望激活，所以只能幽闭在记忆的深宫之中，其所涵盖着的符号意义便成为一种沉寂不语、有待挖掘的潜意识。

第八章　欲望与智慧
——智慧是欲望驱动下的意识升华

从元知识和元意识的关系中，我们可以捕捉到人类智慧产生、形成、发展、提升和绽现的蛛丝马迹。什么是智慧？我们不可能一下子给出一个周延完美的定义。但我们知道智慧对我们做任何事情都会有帮助，它好像能发出一种力，作用在我们要做的事情上，作用在我们要寻求满足的欲望目标上，我们把由智慧产生的这种能动的作用力叫作智力。

对于智慧的概念，不管是从生物学、人类学、生理学、脑科学、神经科学，还是从心理学、哲学、神学等各种角度来解释，似乎都无法找到一个严谨周延、并具有排他性的内涵与外延边界。智慧不仅仅限于人类，包括其他高等动物也都或多或少具备智慧的因子。智慧首先源自于物质本身所具有的天赋的感应性，在生命维度内则表现为神经功能与客观事物之间相互作用产生的效能、效应。这种从物质特性和神经功能上阐述智慧概念的表述是哲学家们界定一切与人类有关的各种概念的一种惯用思维模式。与人类欲望、心理、意识、情感等概念的表述方式如出一撤，都体现了主观以客观为基础的世界观。但这样的表述，却使人无法分清智慧与知识、心理、意识、情感、精神等概念的边界。

我们知道智慧似乎与这一切都相关，但又不会是这一切本身或这一切的总和。在智慧概念的边界之内似乎还与许多能动的东西有着千丝万缕的关系，比如感知、记忆、理解、联想、想象、逻辑、辨识、比较、计算、分析、判断、决策、文化、中庸、包容等内容或能力。智慧是一种能力又不仅仅是一种能力。人们总是依靠智慧来认识、理解、分析和推测人、事、物、社会、宇宙、现状、过去、将来以及自我等各种状况，并根据这些具体状况做出恰当的反应和应对，以便更好地为我所用和为我服务。

我认为，智慧虽然来自于客观世界，却并不直接等同于对客观世界的反应，而是脱去了客观世界的外在直观，升华为对于客观世界本质属性的理解和干预。它已经不再属于被动性和受动性的智能直观范畴，而是属于主动性和能动性的意识融通范畴。不仅仅具有了对于客观世界的理解能力和预见能力，也具有了基于这种理解和预见的干预能力、设计能力、规划能力、创造能力和发明能力。因而智慧具有主动性、能动性、联系性、机敏性、灵活性、激情性、协调性、前瞻性、创造性等特征。一人一智慧，一事一智慧，一时一智慧，一地一智慧，正可谓“一花一世界，一叶一如来”“智者千虑必有一失，愚者千虑必有一得”，智慧的高低、优劣、成败在不同的人那里具有不同的表现。即便在同一个人身上，面对不同的事物，处于不同的时间或不同的心境，也会产生不同的反应、不同的觉悟和不同的表现方式和应对方式。

一个人随着年龄的增长和神经机能的逐渐完善与成熟，以及见识的拓展和知识的增多，他的智慧会越来越高。但待到垂垂老矣，耳聋眼花，记忆力减退，知识含量明显降低，反应迟钝、答非所问的现象时有发生。如果做一下 CT 检查，可能会发现患有以大脑皮层弥漫性萎缩和退行性改变为主要特征的老年慢性病。

这说明，人的智慧首先与神经有关，与神经的生理性物质基础有关，与大脑对知识的存储能力、传导能力和复现能力有关；其次与知识的多寡有关，所知愈多、所见愈广、所学愈博，其智慧也愈高。

一个人总是在自己学有所长、业有所专的领域更有智慧，而对无心向学的陌生行业往往乏善可陈。同时，一个人的智慧将在哪一方面获得长足发展，则是由个人欲望倾向决定的。没有欲望作为驱力，人类便无意于寻求知识，也不可能提高智慧。因为这一切对于自我都会变得毫无意义。

提高智慧的目的是为了让自我意识活动能够按照更有利于自己和更符合现实的方向发挥作用。换句话说，提高智慧的意义就在于提高自我的意识活动水平或意识活动能力，从而更好地和更有效地为满足自我欲望服务。

一、元意识

没有客观事物初次在大脑中成像及其所带来的新奇感刺激或首因效应,人类大脑中便永远不会产生“意子”,便永远不会产生意识和意识活动。有鉴于此，从人类意识形成的过程来说，我们可以把有机缘而投射于大脑中的外界客观事物称为意识源，以此表明外界客观事物是人类意识产生的根本源泉。

意识源是外界客观事物本身，它以非我的自在的“他者”形式存在，内中不含有现在进行时的任何意识，因此叫无意识。即便是那些有形有质的各种人文景观、人文创造，包括一切保留或残留着人类文化痕迹的诸如建筑、工具、机器、书籍、文学、艺术作品等外在的客观存在，虽然都无一例外地寓含着人类的文化意识因素，但那仅仅是人类意识过去时的客观化体现。

被固化的意识不是意识活动本身，而是意识走过后的足迹、羽化后的尸体或涅槃后的舍利，已然不再具有意识活动的灵气，更不会成为现在时主体意识活动本身，至多可充当现在时主体意识观照的对象，也是意识源的一种特殊存在形式。鉴于人类意识具有与欲望力方向一致的特点,所以后人在观照前人留下的文明成果时,总能产生更多的契合、联通、交叠和共识，但这并不能否定人文性意识源也属于无意识的结论。

作为以客观性存在的意识源对主体意识的产生提供了原始材料，如果用“巧妇难为无米之炊”来解释意识产生的过程的话，那么，主体便是巧妇，意识便是主体所造之“炊”和所用之“炊”，而客观事物便是“米”。客观事物与人（大脑）的对接与交合，则是意识产生的耦合性机缘。主体有机缘见到、听到或感知到甲事物，则会形成甲事物的影像，未能见到、听过或感知到乙事物，则不会形成乙事物的影像。主客体契合或耦合是人类产生意识必备的机缘性条件。

为什么我们对外星人总是胡猜乱想，而不能说得清楚？因为我们尚难得有机缘见到外星人，而只能凭借想象去推测，倘若不幸而猜中则纯属意外和偶然。

很显然，客观事物与人交合的第一次机缘是至关重要的。外界客观事物第一次映入大脑后所形成的信息或影像即为第一印象，其所寓含的知识即为元知识。

以信息或影像形式呈现的元知识必然转化为以表象形式呈现于大脑的点知识或联知识，并引起大脑神经对其所涵盖的基本欲望意义的识别、判断、理解、分析、推测等智性反应和首因效应，这个反应过程便是元意识。

比如，第一次看见浩瀚的大海或第一次听见轰隆隆的雷鸣时，总会产生一种新奇感的震撼，这个震撼效果就是元意识发挥作用的结果。天上的云、地上的水、远处的山、近处的人等等一切可见可感的事物，都可能会有第一次闯入大脑而形成影像的瞬间和产生元知识的瞬间，而且也都无一例外地会产生元意识。元知识与元意识不同，元知识具有信息或影像的在他性和信息或影像寓意的客观性，元意识具有信息或影像的在我性和对信息或影像客观寓意在理解上的主观性和能动性。

上面我们已经讨论过，作为信息或影像性质的元知识是自我从客观世界进入主观世界的介质和桥梁。元知识是桥那头的事情，是自我对岸的事情，是站在客观世界那一边而寓入信息或影像本身的自有意义和客观意义；元意识是桥这头的事情，是客观世界对岸的事情，是站在自我这一边而对信息或影像意义的主观性判断、图解和认知。

这就是说，元意识来自于元知识，但元意识不等于元知识。元意识是自我按照特定欲望意义而对元知识的解读、判断、推测和分析，并尽可能地接近元知识的真实。

一种元知识在不同的欲望主体那里，或者由同一个欲望主体按照不同的欲望倾向和不同的欲望层次来审视，可以有一百种理解角度，一千种理解偏差，可以产生无数种元意识。这与人们所说的“一千个读者眼中有一千个哈姆雷特”的道理是完全一样的。但元知识是客观存在的，绝不随着元意识在主观上出现的任何一种理解方式而改变自己的客观真实。

元意识在本质上是大脑神经功能的功能，甚至是功能的功能的功能。

对功能发挥功能，这是人类大脑所具有的特殊功能所在，也是人类意识得以产生的基础。这就像甲对某物体施加了一个作用力，乙对甲的作用力还可以再施加一个作用力，或丙对乙的作用力又施加了一个作用力。而大脑的意识的不同之处在于：甲、乙、丙不过合成了同一个自我而已，即三个层次的作用力都仅仅是同一个施加者。

再做一个更形象一点的比喻，甲具有摄像的本领，他把很多照片交给了乙，乙有一个专门用来储存照片的影集，他把这些照片按照一定的时空序列、欲望序列、功能序列、关系序列、效果序列或拓扑序列依序装订在影集中。丙是一位欣赏家、审美家、评论家或批评家，他经常把这些照片拿出来审视（复现），并试图找出每张照片之间的联系，或者把不同的照片连接在一起或重新组合在一起，或 PX 在一起，试图形成新的意境，新的图景。丁是一位检察官和实践者，他拿着这些照片走出去与各种实物相对照，看看哪些照片与某景物相一致，哪些与某景物相类似，哪些则完全不同，或者哪些事物可以仿照某张照片进行加工，哪些事物可以经过改造而将多张照片的优点寄予一身。戊则是一个理论家，他通过不同照片或不同照片与现实中不同事物之间的联系，进行比较、抽象，按照欲望驱力的方向得出外在事物普遍的运行规律或原理，如此等等，构成了与一张照片或一个影集有关的全部功能。

而大脑与上例的不同之处，则是甲、乙、丙、丁、戊不过是同一个人、同一个施加者或同一个大脑机器而已。甲、乙、丙、丁、戊代表了五个层级的功能，可谓是功能的功能的功能的功能的功能。这些功能联动反应过程，便是人类的意识活动过程和形成过程。

所以我们说，大脑意识活动是人类神经系统按照一定层级顺序不断发挥功能的过程。这个过程完成后得出的结论或结果，便是经过大脑提炼或洗练出来的知识或理论。

信息或影像是感觉功能的产物，也是意识形成的第一步。大脑神经将这些信息或影像储存并转化为表象的过程，则是大脑神经功能的功能。这是意识形成的第二步（此期为元意识），至此还远远没有完结，还有第三步、第四步、甚至第五步。即是说，各种信息或影像映射后不仅会在大脑中存储着，而且还能在欲望的驱动下而在大脑的内视中以表象的形式运动起来、活跃起来。

在外界事物不在眼前的情况下，大脑对这些信息或影像依旧施加作用，比如复现、再识别、再判断、再理解、再分析、再推理、再加工，或者重新进行粘连、拼接、重组、梳理、整合、变形等，这显然是大脑神经对这些信息或影像及其转化的表象而施加的多重作用力的高度集结。而且这种作用力具有连续性、往复性、序列性、拓扑性和方向性，以致形成大致五个层级的功能的功能的功能的功能的功能。

元意识的产生是外界事物第一次直接作用于人类感觉神经的结果。元意识是人类意识成长的第一阶段，也是客观事物首次闯入大脑后产生的首因效应。自此以后，人类意识的链条开始无限延展开来。

二、元智慧

从元知识与元意识的关系中可以发现，元知识所寄身的信息或影像是个体自我对客观事物的即时映射，具有明显的客观意义和首因意义；元意识是对元知识进入大脑后的第一次表象性图解和赋义，不一定完全吻合于元知识的真实予本义，所以具有明显的主观色彩。

但元意识与元知识通过同一信息或影像的介质，而使主观与客观第一次实现了统一，实现了主观世界与客观世界的接壤与契合。元意识与元知识的互动与交合，在主体大脑中必然产生一种以主观驾驭客观的能动性的存疑效能、比较效能、推测效能、反观效能和应对效能，这种效能就是元智慧。换句话说，元智慧是大脑神经中枢在欲望的驱动下，促使元意识与元知识通过同一信息介质而实现的主观与客观的第一次对接与交合之后，而在主观上产生的能动的驾驭知识并试图干预客观事物的效能。

亚里士多德在谈到智慧时说："我们断言感觉不是智慧，尽管要知道个别事物主要通过感觉，但它们不告诉关于任何事物的为什么，例如火为什么热，而只知火是热的。"智慧不是感觉，但智慧来自于感觉，并显而易见又高于感觉，是回答感觉"为什么"和如何应对的产物。

元智慧的概念从智慧的本源上指明了智慧的神经物质性特征、欲望驱动性特征、意识能动性特征、知识的主客观双重性特征。元知识寄身的信息或影像在头脑中变成了元意识性表象之后，大脑中枢神经系统对诸多元意识表象进行多角度、多层面的连接、粘连、剪辑、加工与整合，便形成了一连串的意识活动。而元智慧就是针对这一系列意识活动所遭遇的各种问题和麻烦而给出具体解决办法的反向干预能力。

三、智慧

人类的智慧是知识与意识相结合的产物，是人类利用知识进行意识活动并为满足特定欲望，而能动地提供便捷有效的应对策略和应对方法的综合能力。包括发现问题的能力、提出问题的能力、辨识问题的能力、判断问题的能力、理解问题的能力、分析问题的能力、解决问题的能力和统筹问题的能力以及创造发明的能力。

人类的意识活动是从元意识开始的，从对事物的感性认识逐渐上升到知性认识，再从知性上升到情性，再从情性上升到理性，再从理性上升到灵性（悟性），从而形成一整套连贯的辨别、判断、推理、想象的思维过程，这便是意识过程，也是认识过程。这个过程本身及其所驱动出来的结果,以及利用这个结果来应对客观事物的能力和过程便是智慧。这说明，智慧有一个从被动的感性变为主动的知性，并进而变为能动的情性、理性、智性、慧性、悟性、灵性和动性的过程。

我这里不妨先尝试性地给智慧下一个定义：智慧是人类大脑在特定欲望方向上利用对事物的表象而进行的能动的、有意义的拼接、粘连和加工之后而产生的快速辨识能力、理解能力、感悟能力、发明能力、创造能力以及对于客观事物和自我状态的有效干预能力。这个定义，包含着神经智能因素、客观事物因素、内外感觉信息因素和大脑表象因素、欲望意义连接因素、主观能动性反应因素，以及对于客观事物的反作用因素。

同时，智慧不仅仅是一种神经反应能力，也是一种对特定神经反应所做出的反作用能力，同时也是一种能动地驾驭知识和驾驭自我的基本效能。一个人在认知、识别、选择、判断、推理、决策、处置等方面的能力强，固然代表了一定的智慧高度，但如果这一切的获得缺乏效率的话，那么，这个人的智慧也显然无法令人恭维。

正如学生考试，题量很大的时候，考验的不仅仅是答得对，还包括答得快，如果每一道试题都会做，但因为反应慢，答题效率低，至考试时间终结，却只答完一半，可想而知这个学生还是拿不到高分的。我们考察一个人的智商也是如此，不但要求答得对，还要求答得快。答对是大脑识别判断推理能力使然，答快是大脑神经反应的功效使然。

以上我们是从元知识和元意识的源头上来捕捉智慧形成的蛛丝马迹。如果继续推论下去，我们就会发现，智慧不仅是一种反应力，也是一种反作用力；不仅是一种能力，也是一种活力；不仅是一种底蕴，还是一种依托，一种凭借，一种意识水准，一种发现问题、分析问题和解决问题的精明、机巧、方法、策略、胸怀、眼光和境界。

或者说，智慧是大脑为满足一定欲望，凭借已有知识对现实事件或问题而进行的能动的快速识别、理解、抽象、分析、判断、推理、选择、决策、干预等意识活动能力的总和。智慧包含着物质层面的大脑机能因素，包含着欲望层面的方向与驱力因素，包含着知识层面的底蕴与凭借因素，包含着意识层面的能动反应因素。

其中，大脑反应能力不限于临场发挥能力，也不限于自我与外界事物直接接触时映射的信息或影像以及与既有表象之间进行纠缠和振荡的迅速反应能力，更包括外界事物不在眼前时而可以间接地对外在事物的众多表象进行粘连、拼接、梳理、重组、整合、抽象、推理、分析等处理能力，还包括对具体事件的策划运筹能力、深谋远虑能力、通权达变能力、规划设计能力、创新发明能力等等。智慧属于人类的主观意识范畴，是人类意识活动借助欲望之力的推动而进入独特的知识领地之后的驭事能力，同时也是借助知识之梯的便捷而升至抽象的理性空间之后的思想层次和精神境界。

我们可以试想：一个人为什么能够做到“急中生智”或“随机应变”？这不仅仅体现他天生的神经智能和大脑意能的快速反应能力，也不仅仅体现他主观意志的灵活协调能力，还体现他具有产生智慧能力的客观知识底蕴和信念凭借。如果没有一定的知识底蕴做支撑，没有一定的信念凭借做后盾，既使再急十倍，恐怕一下子也生不出智来。

四、智慧的构成要素及演绎原理

离开了天赋的神经智能和大脑意能，智慧便是无基之楼；离开了欲望，智慧便是无头之鹰；离开了知识，智慧便是无源之水。这就得出了构成智慧的四大要素：神经、欲望、知识、意识。神经相当于智慧之床第，欲望相当于智慧之父母（匮欠与目标），知识相当于智慧之养料，意识相当于智慧之翅膀。父母交合而受孕，使智慧着床于神经之上，并借助知识的养料成长起来，又借助意识的翅膀飞翔起来。这说明，智慧的内部结构具有以下 4 四个基本要素：

1. 神经

正因为智慧具有神经性，才使我们不得不承认智慧永远也摆脱不掉物质基础的先天性特征。正是这一天赋的物质条件，决定了人类意识所具有的能动性程度、敏感性程度和灵活性程度。

就像一台照相机，其映射质量和成像速率等机能水平都是由照相机出厂时设定的原始器件功能指标和既成相机质量决定的，操作者不管怎样努力，也超越不了照相机固有器件功能本身决定的图片质量和拍摄效能。

我们知道，人类神经是由特定物质构成的，先天物质本身所具有的感应性决定了后天神经的感应能力，构成神经的特定物质组合比例或组合结构不同，其神经感应能力亦不同。这就表明一个人如果在神经物质结构方面的天赋条件不足，便很难甚至无法在神经反应方面实现智慧超越。

2. 欲望

正因为智慧具有欲望性，才使得我们不得不承认智慧永远也摆脱不掉主观能动的意志性特征。无论是先天的神经智能，还是后天形成的大脑意能，都离不开欲望的驱动与激活，离不开注意力的调整、转移与集中。欲望一旦变成意志便会反过来成为整个自我的主心骨，对欲望及其满足方式起到调节和控制作用。这时欲望便会受意志的约束与制衡，使欲望尽可能贴近现实，使欲望的满足方式尽可能符合客观逻辑和生活规则。

欲望决定大脑意能的发动方向，决定客观知识的选择性积累，决定欲望的满足方式和方法。换句话说，欲望决定了一切为我所用的主体意志倾向，所有的选择与权变，都以欲望为出发点和归宿点。

所以，一个人在哪方面积累知识，在哪方面运用知识，便会在哪方面更具有智慧。

这说明，智慧的欲望性特征，决定了智慧的发展方向、提升方向和结构方式。有的人专攻数学，有的人专攻文学，有的人专攻生物学，有的人专攻物理学，有的人专攻天文学。按照“术业有专攻”的智慧提升效能原理，一个人专攻哪方面知识，便在哪方面具有更多的智慧。而在另一些方面却可能表现得平淡无奇。

就拿大名鼎鼎的数学家陈景润来说，对他在人情世故或者传道授业方面的表现却无可恭维，因为他对人际关系学和教育学知识所知甚少。但由于他对数学偏爱有加，术业有专攻，数学知识广博而精湛，这就决定了他的智慧只在数学方面表现卓越，而在其他方面则业绩平平。可见，欲望决定智慧的取向，决定智慧的表现方式。

3. 知识

正因为智慧具有知识性，才使我们不得不承认智慧永远摆脱不掉客观被动的后天性特征。这种客观被动性主要表现在智慧女神只有在客观知识之柱的支撑下才能站立起来，否则便会瘫卧在床，一睡不起。

人类98%以上的知识都来自于外界事物在大脑中投射的信息或影像，即便是来自于内部感觉的抽象知识，或者被主体自我从外部感觉中抽象出来的诸如功能、作用、效率、定律、公理等无形的知识，或者存在于客观世界的诸如电、磁、场、暗物质、反物质、微粒子等看不见的知识，最终也都会以特定表象符号的形式而呈现在大脑中。

这说明，知识的多寡与表象的多寡是大致相等的，有多少种表象，便会有多少种知识，便会有多少种知识之间的联系，所以信息或影像的积累过程便是表象的积累过程，便是知识的积累过程。

而让万千事物演绎为大脑中的表象并不是一件简单的事。因为每一次映射都需要一次独特的机缘性遭遇，有多少次映射就意味着需要多少次机缘。这些机缘的获得既需要大量时间和精力的投入，也需要调动各种感官和神经亲自参战并积极发挥各自的功能作用。

所以，更多地创造与知识对象接触的机缘是积累知识和学习知识必经的环节，接触越多，映射越多，表象越多，知识积累越厚。而这一切的获得需要不断寻找机会、捕捉机会，努力做到眼勤、耳勤、鼻勤、口勤、手勤、腿勤、身勤、心勤，这说明获得知识必须靠勤奋，没有勤奋，便失去了积累知识的后天条件。

知识积累的“累”字与劳累的“累”字在汉语言中是同一个字，正好说明知识积累要付出劳累的代价。所谓“天道酬勤”“业精于勤”“勤学苦练”“勤能补拙”等等说法都是对知识积累必经过程的最好注解，也是提高智慧的必由之路。

信息或影像的不断映射与叠加，意味着知识的不断积累，而表象的不断复现则是巩固知识和强化知识必经的一环。否则，有些知识就会在记忆的存储器中被遗忘。

表象过程可以使我们不断意识到该信息或影像的有效存在，多次复现就会加深印象、加深记忆，达到巩固知识和强化知识的目的。

所以，那些表现聪明的人，在欲望力作用下总是主动地或不由自主地激活记忆存储器中的信息或影像，使之经常在头脑中“过电影”和“看幻灯片”，这是巩固知识和强化知识必须经历的过程。同时，内在信息或影像跳出来与外在事物及其信息或影像的不断对接与粘连，则是利用知识和效验知识必经的环节。知识经历了产生的过程、积累的过程、巩固的过程、证验的过程之后便会自动转化为智慧。

4. 意识

正因为智慧具有意识性，才使我们不得不承认智慧永远也摆脱不掉大脑意能的强大支撑与驱动。世界上人人都有意识，但不一定都有与之同样多的智慧。

智慧来源于意识，又高于意识。智慧是从意识的羊群里冒出来的骆驼，是从意识的鸡窝里飞出来的凤凰。智慧是从意识的海洋中蒸发或升华的高端形式，是经过洗练和淬火的意识，比意识本身更具有能动性、指导性、实用性和可操作性。

如果说，意识属于发现问题、提出问题和分析问题的层次，那么，智慧则上升为应对问题、解决问题和处置问题的层次。意识中涵盖着更多的知性、情性和理性，而智慧则涵盖着更多的智性、觉性、悟性和灵性。

只有将神经、欲望、知识、意识四者充分而有效地结合在一起、统贯在一起，人类个体自我的智慧才能卓有长进，步步高升。智慧作为主体自我对客体发挥作用和施加功能的一部分，最终总要从客观知识层面上游离出来，从主观性意识层面升华上来，并指导自我通过便捷有效的方式抵达欲望目标。

第九章　意识层次理论新解

——欲海中的潜意识、前意识、浮意识、显意识

人类对事物提出的所谓“意义”的概念，是基于欲望系统中一种有用的哲学前提。离开了欲望这个前提，离开了有用这个前提，一切都无从谈起，一切就会成为无意义。因为任何人都不会在无意义的事物中展开意识活动，都不会在无意义的事物熬心伤神费精力。

同时，我们也应该看到，客观事物在大脑中投射信息或影像，并不是在一个时间或一个地点一次性完成的，而是在时空连续统之内不断转换的过程中陆陆续续的、分阶段、分批次进行的。

以世界之大，人事之繁，成长之艰，作为个体自我不可能一下子让世界上所有事物都能在大脑中获得信息性或影像性投射的机会。但随着年龄的增长和阅历的增加，个体自我大脑获取的信息或影像资料会越来越多。其中绝大多数信息或影像资料，不但没有随着时间的推移和空间的变换而被散失，而且它们还如同若干照片一样被珍藏在记忆的影集里。这个影集中的每一幅情境、图景和影像信息在大脑中的再现过程，也就是自我对以前感知过的各种事物的表象过程。

一、潜意识

本来，人类个体自我最初在本性欲望的驱动下，通过内部感觉与外部感觉的联通联动和呼应对应，将内部环境和外部环境中的各路信息汇聚在大脑中。就像一台传统的照相机拍摄影像一样，相较于客观事物本身并不十分清晰和精确，也不可能代表客观事物的绝对真实，而只能是对客观事物留下的基本印象。我们把这些印象可以笼统地称为知识。

这些知识随着时间的流转和欲望层次的不断变换与上升，不可避免地经受着主体自我的欲望性选择或淘汰。有的知识对眼前某些欲望具有一定的实用价值，便被保留下来随时待用，随时可能被激发成有意义的表象，形成意识；而更多的知识对于眼前面临的某些欲望似无实用价值，便弃之如敝屣，直至沉淀于大脑的深宫之中，压箱于记忆存储器的最底层。如果长期弃置不用，便会逐渐发生褪色、变形或失真。这是大脑中存在的远因效应造成的必然结果。

但即便如此，这些深藏于记忆深处的印象性信息则超越了时间和空间的局限，为其他每一个欲望层次所展开的意识活动提供了强大的备选性和备用性材料支持。这对人类意识的纵贯性深入和广延性展开来说可谓厥功甚伟，成败攸关。

事实上，深藏于记忆存储器中的每一个信息或影像虽然没有被赋予现实性欲望意义，但它们却也都必然地对应于内外环境中的特定事物，并隐含着该事物本身所具有的特性，这就是潜知识的基本内容。而这些积淀于大脑之中的大量的信息性或印象性潜知识，因其蕴含着相应事物所特有的客观性意义，随时有可能被各种层次和各种形式的欲望驱动出来，激活成表象，并被赋予特定的主观性意义。但在其以潜知识形式存储于大脑深宫中且未正式生成表象之前的存在状态，就是潜意识。所以，潜意识仅仅是显意识的备份材料，是没有被正式使用的潜在性和备用性意识能量。

二、前意识

人类大脑中有时会存储着一些意义不甚明确的信息或影像，并产生一些朦胧的知性。自我对于这种未曾获得确定意义的信息或影像而产生的暧昧不明的表象过程，可称为前意识。前意识是一种完全封闭在大脑之内的、只存在于意义不明确的表象之中的内视性和内觉性意识。这种意识之所以不明确，就在于其欲望驱力微弱而散逸，欲望方向模糊而迷乱，尚未形成具有确定含义的语言符号、影音符号或表象符号。这一点，与弗洛伊德的前意识概念相比较，既存在着些许的相同点，也存在着明显的不同点。

可以说，人类大多数意识材料都经历过信息或影像存储阶段的潜意识过程而积淀起来的，经过事后表象再现阶段的前意识而发动起来的。只有在特定欲望力的冲击下，前意识才会在潜意识的海洋中崭露头角，破水而出，浮上水面，而居于前意识之下的潜意识也自然会不可避免地引起些微的涌动和荡漾。

这里暂且小结一下。

潜意识是继元意识之后，人类意识成长进入的第二个阶段。外界事物的信息或影像投射大脑之后，初次成像即为元知识，元知识为元意识的产生奠定了最前沿的信息基础。元意识是客观事物信息或影像进入大脑后产生的第一重首因意义；当元知识沉淀到欲望的最底层和记忆的最底层之后即转化成潜知识，并进而埋下了潜意识的种子，潜意识是客观事物信息或影像进入大脑后产生的第二重隐性意义。

简单地说，元意识就是大脑对客观事物第一印象的反应，而潜意识则是大脑对客观事物第一印象中包含的各种可能性意义所做的深度存储和积淀。这说明，如果抛开遗忘因素和联想因素，那么大脑中的信息或影像与内在表象在数量上是完全相等的。元知识与潜知识的数量也是完全相等的。但从映射的清晰度和识别的准确度上来说，前者一般会高于后者。

构成元知识的信息或影像是客观事物第一次作用于人类感官而产生的映射反应，包括饥渴痛麻痒、视听嗅闻触等反应，其中人类视觉功能理所当然地占居首功。元知识一般以惊异性、好奇性或疑惑性意义而转化为元意识。诸多元知识相加并沉积于大脑中之后，即为潜知识。潜知识中隐含的蓄而待发的意义即为潜意识。在自我面临各种事件时总有些潜知识朦胧地、模糊地复现于人的脑际，有的可能随时被派上用场并产生欲望意义，有的则一闪而过，未见有明确的意义指向，这就是前意识。前意识属于客观事物信息或影像进入大脑后产生的第三重表象意义。

三、浮意识

当同一客观事物或同类客观事物在第二次及以后任何一次重复性闯入大脑之后，大脑记忆存储器中业已存储的关于同一事物或同类事物的表象符号，便会自动跳出来与之呼应和对接，并形成比较性认知，从而产生内外对应性的认知意义。这种认知意义一旦形成即已进入相识或相熟层次。

我们把外在对象重复性映射所激发出来的与该对象有关的内在表象性认知意义，称为浮意识。即在潜意识或前意识的海洋中，由外在对象重复性映射而激活的内在表象活跃起来之后，而与这一对象之间所建立起来的连通性、比较性或呼应性意义。

浮意识也可以称为复意识，即重复发生的意识活动。比如看见一种事物似曾相识，意味着以前存储过相同或相似的信息或影像；听见一声音感到很熟悉，意味着以前存储过相同或相似的信息或影像。大脑对这些相同或相似事物内在表象与即时映射的信息或影像的对接，产生了似曾相识的连通性、比较性和呼应性意义，这就是浮意识。浮意识是人类感觉向知觉过度的产物，是继元意识、潜意识、前意识之后，人类意识成长进程的第四个阶段，也是外界事物进入大脑后形成的第四重对应意义，具有将内在表象与外在事物信息或影像进行属类比较和属性辨识的功能。我们每个人几乎都有过在茫茫人海中认出熟人面孔的经验，这种认知的成功靠的就是浮意识发挥作用的结果。

以上四个阶段的意识都显得模糊而浅在，可以笼统地称为泛意识。泛意识是人类意识发展的初级阶段，具有简单直接、信息暧昧、影像模糊、内在自觉、表象宂泛、意境朦胧的特征。由于缺乏明确的欲望张力，因此不具备足够的主观能动性。

四、显意识

只有欲望才能激活人类的主观能动性，欲望越强烈，这种主观能动性也越活跃，个体自我意识活动也越活跃，反之，则越平常，越微弱。而且，按照意识的有用原则，只有与主体欲望相关联的事物及其表象符号才能被赋予对主体自我有用的意义。正是在欲望的直接驱动下，才使人类意识成长进入了第五个阶段，即显意识阶段，也是客观事物信息或影像进入大脑后产生的第五重显性意义。

显意识是针对上面四种泛意识提出来的概念，是一种由较为强烈的欲望驱力直接激发出来的具有明确指向的意识活动。凡是对某一特定欲望形式有用、有益或有害的事物，都会直接切割欲感线，并由此产生一连串的意识感应活动。

从意识成长的前四个泛意识阶段上看，人类大脑映射、特别是对信息或影像的存储功能，其对后期意识的开发具有储备意义、积淀意义、铺陈意义、发酵意义、表象意义、感应意义和浮动意义。大脑通过对外界事物的初次映射而形成元意识层面，通过内在信息或影像的不断积淀而形成潜意识层面，又通过内在表象与表象之间的黏连、拼接与重组而形成前意识层面，再通过外部事物信息或影像与内在表象的对接与比较而形成浮意识层面。

这些信息、影像或表象就像留影机或留声机一样刻录在大脑的海马区、皮层、前额叶等部位构成的记忆存储器中，有如很多人深居内宫，有的初来乍到（元知识或元意识），有的卧床熟睡（潜知识或潜意识），有的结伴游戏（前知识或前意识），有的开门迎客（浮知识或浮意识）。

观察发现，婴儿刚出生时感受的第一个令他惊奇的刺激便是以光为主要特征的明亮的场景，从黑暗的母胎中出来而看到光之后的第一反应便是惊异地闭上双眼，此时他的头脑中第一次形成了对光的表象（尽管有些模糊不清）。待第二次睁开眼睛，他已经不再像第一次那样对于光而产生那么多的恐慌和惊奇了。说明他已经初步认识了光，对于光由相知、到相识、再到相熟，体现了一个较为完整的泛意识形成过程。

之所以这样简单就认识了光，是因为第一次映射的光所形成的影像经过存储后，可以在事后形成表象。当在第二次看到光时，大脑中既有的光的表象便起到了比较、联通、引介的作用，与第二次看到的光实现了对应性链接和重复性认知，从而产生了一种简单的浮意识，浮意识在一定程度上消除了婴儿对光的陌生感和恐惧感。

再后来，第三次、第四次……睁开眼睛，对光便渐渐熟悉和适应起来。说明大脑对外界事物形成的影像或图景的重复性出现，会使影像或图景本身产生某种被确认、被接受、被认同、被熟悉的意义，而被确认、被接受、被认同、被熟悉本身即是一种知性。待到后来发现光的功能作用可以使眼前事物尽收眼底，为其寻找目标满足欲望带来的方便，于是对光的欲望意义产生了更加明确的知性。

然后，我们再看婴儿接受哺乳时发生的现象。婴儿在未接受哺乳之前，其在视觉范围之内对母亲乳头未见产生欲望感应，当母亲将乳头主动塞入婴儿口中，婴儿吮吸到第一口乳汁之后便开始产生兴奋反应。此后，婴儿一当看见乳头便从视觉到味觉而产生联觉性兴奋，特别是处于饥饿状态时，即便递给他一样貌似乳房的东西，婴儿看见后便会在情绪反应上破涕为笑，乐不可支。这说明婴儿记忆中对具有哺乳意义的乳头的表象已经初步形成，并与自己的欲望产生了联系，乳房或乳头的影像符号或图景符号已经被激活成一种特定欲望的满足形式，被赋予了实实在在的对自我有用的意义（而不是朦胧或模糊的意义）。如果将一个与母乳明显不同的东西递给同样处于饥饿状态的婴儿，则婴儿只是睁大眼睛新奇地看了几眼，未能产生吮吸母乳的欲望反应、兴奋反应或情绪反应。

通过这个实验可以得出三个结论：

一是大脑中首次映射的任何信息或影像只具有新奇感或惊疑感的初始意义，而不会产生明确的意识活动，此期仅仅在大脑中贮存了这些信息或影像。信息或影像的初始意义运行在大脑之中，此期处于意像期，意像期中的信息或影像所蕴含着的初始意义和未予明确的可能性的欲望意义，统合在一起称为像意识。

二是同一信息或影像重复性出现可以激活大脑中业已存储的相同或相类似的表象，并通过内在表象形式产生与外在信息或影像的对应性或比较性认知。此期内在表象已经可以与外界具体事物的即时信息或影像实现有效对接与洽和，并与即时性内部感觉或先期既存的内部感觉信息及其欲望意义产生了对应关系或比较关系，从而使得外在影响与内在信息产生了一种特定的内外联系意义，这个时期我们称之为意应期。

三是当某个外在影像与自己的重要欲望或核心欲望相联，便立刻产生明确具体的实实在在的欲望意义。说明欲望对于给外在影像赋予特定意义具有明确的寄寓作用。同时，那些与欲望无关的影像即便在大脑中形成了表象，也不会自动蹦出来而成为与外在事物进行表达的内容。只有映现于大脑中的与欲望相关的影像或表象，才具有表达性意义。当大脑中存储的影像或表象被赋予了明确的欲望意义之后，个体自我主观意识活动的展开便具有了明确指向的内在驱动力。此期称为意显期，其意识活动称为显意识。

按照我上面的论述，人类的意识产生的时间要比目前大部分学者的论断早很多。准确点说，意识也具有一个发生和发展的成长过程，从婴儿出生第一次映射事物形成信息或影像，便播进了意识的种子；各种信息或影像通过记忆而演绎为表象，便深深地寓藉了意识的萌芽；第二次重复性映射同一类事物信息或影像，便与记忆中的表象形成了链接，这个时期便产生了微弱的意识活动；待到类似的事件越来越多，人类的意识也便不断成长起来了。

人类的一切意识、一切智慧、一切行为都来自于欲望的驱动或驱使。感觉、欲望、注意、存储、表象、情感、思维等环节，构成了意识形成和上升过程中必不可少的阶梯或阶段。

为了让人们更好地理解意识流形成的过程，我们在这里可以做一个比喻：人的大脑（中枢神经系统）最初有如一片平静的水面，任何一个来自内在的或外在的刺激信号，都如同投入到这个水面上的一块石子，致使一圈圈的涟漪依次荡漾开来，形成一波推动一波的一系列联动事件。每一波涟漪都不是孤立的，而是互感的、相激的、流动的。这个互感、相激、流动并充满感性、知性、情性、理性、悟性和灵性的反应过程就是意识流。意识流首先从感觉开始，逐次激荡出欲望、注意、存储、表象、情感、联想、想象、思维等一圈圈涟漪。每一波涟漪都相当于一个特定的意识环节，并由这些环节形成逐级而上的智慧阶梯。

意识流是一个完整的具有联动功能的意识链条，自感觉的中心点荡起的意识涟漪逐渐朝着更大、更远的目标或范围发展，并随着与中心点有关的意识活动的终止而逐渐平息。

意识既然是一种运动着的“流”，就一定具有运动性的空间效应，即意识总是在一种具有特定维度的空间中运行，这个容载意识运行的空间就是意识空间或曰精神空间。而且，这个意识空间或精神空间不是物质空间或现实空间的简单复制和投射，而是与物质空间和现实空间融会贯通之后产生的拓扑性投射、电磁性感应、场域性交叠、联系性传导和对比性整合的精神映照系统，是与物质空间对称的具有感性、知性、情性、理性、悟性、灵性反应的主观世界。

这个主观世界的形成，是通过感觉功能对客观世界在人脑中映射的蒙太奇切换和拓扑性跃动，而构成的联系以及联系的联系产生的思维演进和意义申发的有机整合。物质空间有多大，意识空间就有多广。正如一位哲人所说的："世界有多大，欲望就有多大。"欲望的空间大小决定了意识空间的大小，因为意识所及总是欲望先行。正如"日有所思夜有所梦"一样，日之所思者，欲望使然也；夜有所梦者，意识使然也。欲望没有到达的地方，意识绝不会擅自光顾。

意识空间与物质空间一样也有相对静止状态和相对运动状态。比如人在睡眠或痴呆时，意识处于静止状态；清醒时和非痴呆时则处于运动状态。静止状态的意识空间只有在受到有效欲望信号的刺激的情况下，才能运转起来。

所谓有效欲望信号的刺激，就相当于物质空间中的有效的力的施加。人的思维或意识一旦受到有效欲望信号刺激这个"力"的推动，就会活跃起来，就会运动起来。其中所谓有效欲望信号，就是指对感觉有明显刺激效果的信号，就是有明确欲望指向的信号。这是跟无效欲望信号相对的概念，无效欲望信号指的是对感觉没有构成明确刺激的信号，对欲望没有产生激发意义的信号。

如人在睡眠时甚至清醒时极轻微地被触摸一下，通常是不会被感觉到的。正如物质世界中，给一块巨石施加一个轻微的力，这块巨石是不会动起来的一样。只有施加足够的力，这块巨石才会活动，这就是有效的力。意识空间中的有效欲望信号也是从这个意义上被提出来的。人刚出生时，意识空间处于一种相对静止状态，随着年龄的增长，不断接受外部有效欲望信号的刺激，于是开始逐渐觉醒并运动和活跃起来。

人们对于四维空间的概念耳熟能详，即在传统三维空间认识的基础上增加了时间一维。那么，意识空间的维度是多少呢？是一维还是多维的呢？只要是一种存在就必然具有特定维度的空间形式。人类意识是可以穿越时空的，可以穿越物质世界的时空限定。

比如，意识可以不用借助我们身体的任何行动就能回到历史的境况中去，或者冲入未来的时光隧道中去。凭借想象的翅膀在历史的、现实的和未来的时光中穿梭。从这个角度上看来，意识空间远远大于现在人类所能感知的四维空间。

但我们就已知的经验却也能认识到一个相反的结论，即一个人的意识除了一部分以固化的形式存在于世，如一幢建筑就是一种意识的固化形式，更多的意识则随着人的记忆的衰退，随着生命的结束而堙灭或消失。甚至那些被固化的意识，也会在外在的空间中迟早要彻底消失，至多比意识者生命结束的时间更长久一些而已。这说明，意识也同样具有时间这个维度的存在。如果没有时间一维，生命便会立即结束，意识活动立即消失。只要有时间的维度存在，就能保证整个意识流的源远流长。

后　记

当我创作完成《欲望动力心理学书系：欲望的世界》这一百多万字的书稿之后，疲倦地打上最后一个句号时，心情倏然感受到了一种莫大的轻松和解脱。好像从此以后，我终于从欲望的世界里逃离出来，再也不必为人的欲望问题而焦灼和纠结了。

要知道，我在整个前半生的五十多个年头里，差不多每一天都被各种各样的欲望包围着，蛊惑着，困扰着，差不多每一天都有自己的欲望与别人的欲望交叠在一起，纠缠在一起，振荡在一起，搅得我心乱如麻，躁动不安，压得我常常喘不过气来，笑不出声来。这也许是我决定把欲望这根硬骨头啃烂嚼碎的原因。现在是啃完了，嚼完了，似乎也到了该向欲望告别的时候了。

想到本书系的写作过程，与其说是一种创作，不如说是一场修炼。但真正修炼到彻底告别欲望的程度，目前似乎还真是做不到。因为我们都活在欲望的世界里，在欲望的世界里兀兀穷年，疲于奔命。欲望是伴随人生之始终的魔咒，你不从这个世界上灭失，它就一直缠着你不放。不论你，不论他，不论我，任谁都不能幸免。

不过，我想大概也不必如此悲观。我们正是因为每天都活在欲望的世界里，每天都受到欲望的驱策，才使得我们活得有声有色、有滋有味、有情有义，才使得我们不断参与社会的合作与竞争，才使得我们不断追求人生的幸福和满足，才使得我们不断寻求和感受人生的意义之所在。

关于人类欲望问题，几乎每一位哲学家和心理学家都或多或少地做过程度不同、角度不同和观点不同的讨论。但到目前为止，基于我个人的阅历所限，还没有看到任何一部长篇大论和穷原竟委的专著。本书系的写作经历了八年的时间，我为此也付出了不少精力和代价，如能引起相关领域的专家和学者给予热心关注、支持、赞导和批评，我将足以欣慰并感戴不尽。

这里还需要特别说明的是，为了阐述问题起见，我还在本书系中绘制了上百幅图片，试图对一些抽象、玄奥、高深的欲望问题做出形象化和视觉化的解读，其效果如何相信读者诸君会看得明白。其中也有个别几幅引自于网上现成的图片，这几幅图片连同内文中引用和借鉴的一些专家或学者的优秀理论观点，对于我阐述欲望问题起到了很好的启发作用和支撑作用，由于无法与作者取得联系，我对此深感不安，并致歉意。如日后有机会取得联系，我将合理支付报酬，表达我对他人劳动成果的理性尊重。

另外，鉴于近年来国内学术环境和图书市场出现的一些乱象，让我产生了一些令人尴尬的联想。所以我不得不在此做出一个简短声明：本书系为原创作品，凡引用本书系观点，敬请注明出处！本书系作者愿意看到正当的学术讨论、引用或翻译。凡未合理注明出处的，或对本书系内容进行改写并将本书系观点当作自己的观点进行发表的，将视为抄袭或篡改。一经发现，将追究其法律责任。

本书系虽为学术专著，但考虑到内中所阐述的欲望事件与每个人的一生都息息相关，所以，在写作手法上，我尽量避免使用高深的专业术语，力求把问题阐述得简单浅近，通俗易懂。所以，本书系既适合有志于从事心理学领域研究工作的同仁作学术讨论之用，也适合那些拥有普通学历的心理学工作者、心理咨询师、教师、大学生、一般爱好者或为自我心理问题长期受到困扰的人士阅读，但愿每个人都能从中受益。

作　者

2017 年 4 月于北京